向往的生活：日本建筑家夫妇自宅设计

（日）八岛正年
（日）八岛夕子 著
邢俊杰 译

辽宁科学技术出版社
·沈阳·

太阳开始落山的时候，灯光从窗户洒下来，诉说着生活 / 安昙野穗高的房子

依偎着风景，将内外连接在一起的形式 / 西镰仓的房子

用陶艺家房主制作的作品和旅途中收集的小物件装饰的窗户 / 神木本町的房子

与起居室相连的小庭院会让人将目光转向外面 / 武藏野的房子

和煦的阳光透过纸拉门照进室内 / 大鹰之森的房子

经木帘门能隐约看到外面的景色，也让照进来的光线更美 / 牛久的房子

伫立在绿意环绕的湖畔小别墅旁 / 野尻湖的小房子

几年前搬到现在的家后，开始观察鸟类。

那个时候房主说“希望建一座能观察鸟类的房子”，于是把《打造能召唤野鸟的庭院》这本书交给了他。在那之前，对于观察鸟类也并没有特别的兴趣，只是想要给自己家选择一个地势较高、视野开阔的好地方，但是试着留意一下却发现横滨不仅有乌鸦和鸽子，还有绣眼鸟、白头翁、北红尾鸲等各种各样的鸟。

我首先注意到的是麻雀。透过我家后面的窗户，你可以看到隔壁房子的檐槽，有很多麻雀被吸进了檐槽和墙壁的缝隙里。准确地说，似乎可以通过缝隙进入屋檐后部，不管怎么说，那里至少可以遮挡一些风雨。由于那里的宽度仅够小鸟进入，因此有很多的小麻雀在里面挨挨挤挤，那里似乎成了麻雀生活的公寓。每天在距离窗边只

怎么也看不够的小鸟们的姿态

有 2m 左右的地方看着很多麻雀进进出出，大大小小，有胖有瘦，有些看着懒懒的，有些看着很聪明，有各种各样的性格。那些可爱的羽毛飘扬着，真是让人看也看不够。当我听之前的房主说“放一个有水的容器就可以看到小鸟洗澡”，所以便在花园里放了一个石刻盆，这样肯定就可以看到小鸟洗澡，也可以进一步观察鸟类，这成了我的一大乐趣。

有那么一天，一只外形时尚的小鸟，身穿灰绿色的外套，拥有白色的身体，系着黑色的领带，来到了水边。它的身体线条比麻雀更硬朗，而且总是带着两只鸟。它总是“呼嘿呼嘿”地叫着，我想知道这只鸟的名字是什么，查询之后发现它是一只大山雀。在考察生态的过程中，我发现如果设置鸟屋，大山雀就会进去，这让我对此更加感兴趣。

被绿意包围的家

当时只是觉得如果把鸟屋挂在花园的树上可能会很可爱，所以便在院子里挂上了鸟屋。但如果没有鸟住进你设置的鸟屋，你就会像“没有居民的地主”一样感到失望。在“明年会有吧”的试错心理下，重复了几年。而今年，从挂上鸟屋算起的第三年，有一对夫妇在天还冷的时候，小心翼翼地来看了房子的内部，不幸的是，它们和另一个申请入住的家庭发生了争执，刚开始两方还在努力地争夺鸟屋，然后不知道什么时候又突然消失了。就在刚刚要失望于今年的鸟屋又要空着了的时候，又看到两只鸟在鸟屋周围飞来飞去，直到有一天终于搬了进来，我们一家人大喜过望。

我家的鸟屋当初是按照规则安装的，虽然说是符合“阳光好，风景好，蛇猫够不到的高处”这些条件的地方，但又是有公交车通行的吵闹大马路，那边很容易看到乌鸦。抱着“难道找个光照稍微差一点，在树荫里的僻静一点的地方不好吗”这样的想法，我用尽我的创意，根据选址的情况又设置了浴池（水池）、餐厅（食台），还做了好多绿化，让条件升级。

当我意识到这个流程和我平时做的设计工作很相似时，我意识到盖房就是要预想到以居住者的“生活方式”为出发点，下功夫一点点来改善周围环境，以让生活更加便利。

自从我开始工作以来，我已经参与了近 20 年的房屋建造工作，脱口而出的“房子”，其实场地的大小和方向以及家庭结构等条件都是不同的。并不能说因为觉得我以前盖的房子非常好，所以之后都按照这个房子来建造。只能说那个房子是在那个时候，根据那样的情况和一点点确认来的条件，找到的最佳解决方案。与大山雀不同的是我的其他客户很健谈。但是，也正是因为如此，从大段的表述中找出客户真正的需求才变得更加困难。

当鸟儿找到合适的空间时，它们会急不可耐地把树叶和苔藓也摆进来，创造一个方便它们居住的巢穴。对人类来说也是一样的，如果建筑师过分地去安排居住者的生活方式，那么居住者也失去了充分根据自己的爱好来打造舒适生活空间的机会。我认为基于生活方式、家庭成长等各种因素，以及你对家的设想来改造，房子会逐渐成为那个对自己来说真正的家。

因为职业的关系，我总会在脑海里重复地思考“家”的概念，我觉得我认为的“房子和生活”是从居住者住进去之前开始的。甚至当我进入餐厅时，我会从建筑物的角度思考，“在这样大小的空间里，这样的布局，能坐得下四个人吗？”同时我也会去关注“这个形状的餐具，即使放在很小的桌子上，盛上饭菜，也会很有氛围吧”。我的工作经常会这样延伸进我的日常生活，最近我已经自然而然地积累了很多自然快乐生活的秘诀。

我们都想过简单的生活，但我们又不是那种无欲无求的禁欲系的性格，最终的结果就是，我们时刻都在与贪婪斗争着。但是，我会尽量不把生活空间变成一个简单的存放东西的地方，尽量不要有不必要的东西。此外，仔细地生活并不意味着要谨慎地生活，在可以放手的地方选择放手，之后再说，可以用这样的思维方式去生活。

如果你能在工作间隙喂喂鸟儿，当然，如果鸟儿能碰巧吃掉植物上的昆虫，那会是莫大的帮助，但我还是会每天在脑子里烦恼着，如何忙里偷闲地设置一个纱门，来防止虫子从门的缝隙中进来，这就是我的日常生活。

目录

各部分由八岛正年（称为“我”）与八岛夕子（称为“我”）执笔。

1. 舒服的地方

生活的形状

有一家我很熟悉的荞麦面店，每逢过节都会去吃。荞麦面自不必说，其他的从一道下酒菜到怀石料理，样样都好吃。我们的事务所在横滨市内搬过几次地方，在搬到现在的地址之前，事务所就在这家店的附近，工作结束后经常会去那里吃晚饭。菜品会随着季节变化，每次去都能品尝到新鲜的应季食材。顺便说一下，招牌菜烤海苔是

装在木箱里烤出来的，这个木箱有两层的结构，上层的海苔用下层的木炭烤出来，这个装置很别致。不仅是料理本身，连摆盘和带有季节感的装饰也让人赏心悦目，店内的氛围也很让人喜欢。

但有一个问题，就是那家荞麦面店非常有人气，去了不一定能坐到想坐的位子。不管是家里人还是工作人员都喜欢吃吃喝喝，所以再忙也要把每次活动安排好，就算是坐的位置也不能妥协。

突然想去喝酒的时候，选择一楼稍微靠里的桌子是最理想的。两个方向都有墙壁将人包围起来，再加上白炽灯的昏黄灯光，带来一种平静的氛围。而且如果同一楼层都坐满了客人，吃饭也会很开心。五六个人同去的话，会有点拥挤，但那种挨挨挤挤的感觉也很适合坐在一起喝酒。

如果是庆功宴和年会这种正式一些的聚会，人数比较多的时候，可以预约二楼的单间。与在充满活力的一楼吃饭的乐趣不同，二楼更适合团队内部交流的时候选择。因为这么多人的话，在一楼的喧嚣中声音会被淹没，很难好好交谈，还有一个原因，那就是在包厢里气氛更热烈。有放置随身物品的空间也会让聚餐更顺利地进行。

一楼还有其他大桌座位，但对我们来说有点不合适。日光灯的光线有点冷冰冰的，桌子周围没有墙壁，来来往往的人络绎不绝，总觉得不踏实。但是，在工作间隙的中午想吃荞麦面的时候，这个位置容易站立和坐下，不会待太久的时候，这个座位反而比较方便。

我想大家都有过“在店内选择座位”的经历，但我们在选择舒适的餐厅和座位时，可能局限性会比较大，这时我们所考虑的，其实与住宅设计时所考虑的，根本没有变化。

现在这个情况适合选择哪个位置，需要什么亮度，窗户的位置和形状是否合适，天花板的高度和与墙壁的距离感，还有材料应该怎样……这些并不是什么特别的事情，而我们的工作就是逐一找出会让人类本能产生“舒适”感觉的根据，并将其实现。

刚刚好的面积和高度

也许是因为职业的关系，我总是兴致勃勃地浏览房屋中介公司制作的房屋信息。这也许只是我的想象，我觉得建筑界的人不会马上扔掉投到邮箱里的房地产广告，而是会仔细揣摩最近的流行趋势和行情。广告上会有房间布局是 × 室 × 厅，客厅是 ×m^2，天花板是 ×m 高，整体是 ×m^2……这样的标记。找房子的人看到这些数字，就很容易去判断这个房子的情况，但实际上房子的理想大小，仅靠数字是无法准确判断的。

在接受设计委托的时候，有的房主会问：“我们一家五口人住，一般需要多大的面积和什么样的格局？”对于这样的问题，并没有通用的解答。住宅所需的面积和格局是“因人而异”的。之前是住在什么样的房子里，家人是多大年龄，生活方式是什么样的，每个人都希望保持怎样的距离，答案都是不一样的。长期在宽敞的房子里生活的人，或者喜欢独处的人，很难突然和家人挤在一起生活。相对地，也就会有人觉得住在宽敞舒适的房子里很寂寞，每个人对于家的感觉都是不同的。

所谓刚好的大小

即使是同样的占地面积，在分配使用空间时，有人认为“客厅是全家人一起使用的，所以想要 50 ㎡大小的房间，而个人的卧室只要 5 ㎡大小就可以了”；也有人认为“客厅 15 ㎡大小就足够了，而个人的卧室则想要 10 ㎡的空间，因为个人独处的时间也很重要”。不仅与家庭成员的性格有关，还与各自的年龄、家里邀请客人的频率等各种因素有关。

另外，“这个部分必须有这个大小”的固有印象也很常见。“帖”（1 帖等于 1.62 ㎡）这个概念很多日本人都很熟悉，因为“以前住的房子就是这个面积”，所以很多人都以这个为理由提出要求，但很多要求其实都是没有根据的。即使在房间面积相同的情况下，由于房间形状不同，对于家具的摆放位置的要求也完全不同，因此有时 4 帖的房间反而会比 6 帖的房间使用起来更方便。

窗户的上缘开到靠近天花板的高度，这样室内和庭院里的人都会比较舒适

天花板的高度和窗户的形状不同，感受到的面积也会不同。因此，对于房间天花板越高越好的这种说法，我想说“等一下，这可不一定”。即使天花板的高度是 2.5m，但窗户的高度离地面只有 1.8m，也会给人一种压迫感。相比之下，如果天花板是 2.3m 高，但是窗户一直开到天花板，这样或许给人的感觉更舒服。

进一步说来，如果餐厅的椅子在腰部的高度，那么故意将天花板的高度降低到 2m 左右，有时反而会让人感觉更舒服。

或许我们对房地产广告的数字太熟悉了。所谓空间，其实根据设计的不同，会让人感觉比实际尺寸或宽或窄，或高或低。

家的中心

听到“家的中心”这个词，你脑海中会浮现出什么画面呢？

我认为结果是多种多样的。如果是在很久以前，他的回答可能是真正意义上的“顶梁柱”。顶梁柱不仅在结构上支撑着这个家，还让人在心理上不由自主地想靠近。但是最近的话，很多人应该会回答“客厅是我家的中心”。这么说来，功能的意义变大了吧。

在此我想试着给“家的中心”下一个定义……我左思右想，得出的结论是一句话也说不出来。虽然设计了相当数量的住宅，但家的中心会因家庭成员和生活习惯的不同而不同。

以我自己的家为例，我会认为客厅的挑高空间和挂在那里的球状照明灯是我家的中心。这个直径达 1.2m 的球体，仿佛是飘浮在宇宙中的满月，给毫无抓手的挑高空间带来了一丝丝的安全感。就在我家的顶梁柱（顶梁球 ？）之下，我们一家人自然而然地在那里度过各自的时间。

人群聚集的地方不一定就是中心。我曾经设计过一幢钢筋混凝土的

不同的聚集形式

房子，将一楼到三楼打通做了3层的挑高空间，为了让这个空间有整体的连接性，做了一个圆形的弯曲墙壁并涂上了灰泥。包裹着整个内部空间的那部分既不是墙壁，也不是屋顶，我们称之为“脊梁”，感觉它才是房子的中心骨架。

也可以说是将某些象征性的存在作为中心，比如面向庭院的大窗户，会更加吸引人们的视线和意识。

也就是说，并不是某一个具象的场所才是家的中心，而是“在家中创造中心空间”。所有的空间都不是“均质”地打造出来的，而是在设计中寻找房子的“肚脐”一样的存在，并以此为基础将感觉扩展到整体空间。

宽处和窄处，亮处和暗处，通风处和窝风处，热闹处和安静处，聚集处和幽闭处…… 我认为，如果能张弛有度地从家的中心展开设计，也就是所谓的浓淡相宜，就能以此为契机，打造出舒适的家。

包裹着挑高空间，传达了“脊梁”的理念，柔和的光线自上而下地泻入

家里的每一个人都度过属于自己的时间

若即若离的距离

虽说是一家人，但也要有各自度过个人时间的时候。但是，大家都进了各自的房间，便会感觉不到彼此的气息，这样的状况会让人觉得空落落的。不被任何人打扰、可以窝在家里学习的房间，可以集中精力工作的书房，可以安静睡觉的卧室，这些当然是必不可少的，但是打造一个能感受到家人之间的联系的空间也是非常必要的。

在设计住宅的时候，我总是在想，能否创造出一种既不相互打扰又能让人感受到家人气息的房子结构。

从儿童房传来翻页的声音，飘来饭菜的香味，看着电视，在不知不觉中感受着彼此的气息，又能各自自由地生活……这就是我家的日常生活。各自在不同的地方度过自己的时间，彼此看不太清楚，也很少说话，但是就是能感受到“孩子好像在做令他头疼的作业”“爱人很开心地在做饭，发生了什么好事吗”等生活的气息。声音和气味都可以传达当事人的心情。以起居室为中心，厨房和儿童房流畅地连接在一起，在保持适当距离的同时，也能让人感受到共同度过的时间。

我在一个格局极其普通的独栋房子里长大。和父母吵架的时候，“砰”的一声关上房间的门，空间也就被隔绝了，对面的声音就会远去。这样一来，你就感觉不到对方是怎么想的了，也会烦恼应该在什么时候以什么样的表情离开房间才好呢……

而在现在的家里，儿童房和起居室之间有一扇室内窗，平时都是打开的。即使儿子和我吵了一架，进了自己的房间，过不了多久，我就能听到他哼着歌的声音，彼此也多少能明白他在暗示我“可以和好了”。

另外，对孩子来说，有一个虽然能感觉到他在哪，但家人却看不到他的角落，在那里看书或者一个人玩也很开心。就像楼梯中间的平台一样，稍微弯下腰就能避开别人的视线，但空间却是相连的，这种安全感与奇妙感并存的状态会让人很舒服的吧。

空间的整体性，并不一定是空间必须连在一起。我家挑高处上方有个大窗户，阳光透过屋顶露台上种的植物形成的树丛射进来。家人刚出门，客厅里就会映出一个影子，我这才意识到：“原来你在露台上啊。”

这种没有过多联系，却能感觉到家人气息的空间，那种若即若离的距离感，可以让家人感到舒适。

窗外的风景

在深山中，透过玻璃可以看到一望无际的绿色。耸立在悬崖绝壁上，眼前则是蔚蓝的天空和大海的水平线。……不不不，能在如此绝佳的位置上建造住宅，实际上几乎是不可能的。

在刚开始设计的时候，一定会去考虑，“透过窗户能看到的东西是什么？”如果是开头提到的位置，对于这个问题当然就不会那么挠头了。但我们住的大多是住宅区，周围被建筑物包围，或者附近有垃圾处理场，或多或少总有一些必须要解决的问题。

窗户最大的作用是确保采光和通风。建筑法规中也规定，为了保证充足的采光或通风（换气），相对于房间面积应确保窗户大小足够。不过，“窗外的风景”的一个重要的作用就是会影响家的舒适度。如果窗外的风景很好，那么心情也会跟着变好，这是积极的一面，但也会有负面的作用，比如总是和窗外的行人四目相对，或者会久坐不动，所以也要注意。

曾被委托在信州安昙野的大自然中建造房子。向西眺望，可以看到

穗高悠然展开的山峦，初夏可以欣赏到青翠的绿色，冬天则可以欣赏到一片雪景。再往东是美丽的玉米田……听到这里或许有人会想："这不是绝佳的地理位置吗？"但实际上，在与西边的山峦和东边的玉米田之间，分别有一条道路。想打开这扇大窗户，欣赏风景，就不得不面对路上的行人。要是放下百叶窗，又得不偿失了。最终，设计人员将面向西面道路的窗户提高到离地面 120cm 的高度，东面的窗户也提高到距地面 90cm 的高度，这样就可以既欣赏到远处的美景，又不用和路人对视。有时候乍一看周围环境很好，但在窗户这个地方往往需要下很多功夫。

坐在沙发上的时候，窗户既能遮挡外界的视线，还可以截取安昙野穗高美丽的山景

从我自己家的客厅兼餐厅望向横滨的街道

住在拥挤的住宅区里，跟邻居家的距离会非常近，大部分情况下无论从哪个方位都无法获取到好的风景。这次幸运的是，南侧是邻居连窗户都没有的外墙，为了采光，我们在此设计了一扇大窗户，但根本称不上有什么风景。考虑到家中需要一些季节感，我在设计顶灯（天窗）时，在灯上镶上了五颜六色的亚克力板，做成了一个装置，让变换了颜色的光线射到室内的各个角落。来自太阳的自然光根据季节和时间的不同，角度、强度和颜色也不同。灯光点缀室内的氛围，让人可以以另一种形式感受外面的世界。

如果在公寓等地方，会获得想象中的风景，那么可以选择在阳台上放些绿色植物，营造出小小的风景。另外，纱帘是选择挺括的化学纤维，还是粗糙的亚麻材质，百叶窗是选择冷硬的铝制品，还是有质感的木制品，这些不同的选择会营造出截然不同的氛围。如果再安装纸拉门和木帘门的话，透过它们照进来的光线会很美，有质感的材料也会改善室内的气氛。即使窗外没有风景，我也想享受从窗户照进来的阳光。

材料的手感

我一直都想尽可能地使用手感好的纯木材。除了木头以外，灰泥和石头等天然材料的质感也比胶合板好，所以要因“材”制宜。

之前设计过的位于郊外的某个住宅，整个房子就像盖了一个大屋顶一样结构，中央线条柔和的混凝土小墙壁从入口大厅开始向上有一面墙贯穿整个空间。可以认为是房子中心的“主墙”的这面墙，是用大谷石制成的。选择大谷石的理由有几个，首先是其粗糙的表面能柔和地吸收顶灯的光并散射出去。既要有能将大空间凝聚起来的重量感，又要有柔和的线条。色调为不太深的灰色，能与白色的墙壁和木材保持色彩的平衡。虽然实际的构造是木制的，但是在家里有石头做的墙壁，会让人觉得很有趣，显得不那么沉闷。

用水泥做了小凸起造型的墙壁有着温和的气质

家里的每一个人都度过属于自己的时间

这面墙虽然不是经常触碰的地方，但是光的反射情况和颜色等视觉信息，就会给访客留下一种温暖、柔和、稳重的印象。在给空间赋予某种基调这件事上，材料也起着重要的作用。

我们现在事务所的天花板，当初是涂成了纯白色的。在设计阶段，原本打算铺上木板，但因为预算不足而放弃了。但是，搬进来没多久，我开始隐隐感觉到了不对劲，最后得出的结论是："这个白色天花板给人一种冷冰冰的感觉，不像设计住宅的事务所应该有的天花板。"也许是因为地面上铺的是办公室用的地毯。我立刻在天花板上装上了木质的天花脚线，空间里充满了木头带来的温暖，让我再次深切地感受到了材料的力量。

在我家的客厅中，所有到了夜晚需要用到的地方都有点照明

明暗不一的灯光

最能让一个建筑师高兴的就是，人们都生活在装修好的房子里，当有人从房子前面走过，看到屋内亮着的灯时，就能感受到屋内那种快乐的生活气息。

这句话来自建筑师吉村顺三。我自己也是这样觉得的，自从有了照明，建筑物便不再是单纯的容器，而是作为人类生活的“居所”，生活才开始充满活力。

开车行驶在夜晚的街道上，望着高层公寓窗外的灯光，不禁对于现在这些多姿多彩的生活感慨万千。而且过去那种普通的荧光灯的使用也在减少，而橘色稍暗的电灯泡则在增加。在经济高速发展时期的日本，“越亮越好”的价值观占主导地位，将整个房间照亮的白光吸顶灯得到了追捧。但是，如果用这样的照明均匀地照亮整个房间的话，房间就会变得很平面，所以我们在进行更重视舒适感的设计的时候不会使用这样的照明方式。取而代之的是，在餐桌上放上吊灯，在沙发旁边放上台灯，只把需要照明的地方点亮。这样一来，就会形成敏感的对比，使空间变得丰富多彩。

夕阳西下之时浮现的充满生活气息的灯光

想要可以根据时间的不同来改变餐厅等空间的亮度，可以使用调光器来控制照明。即使仅仅靠改变亮度，室内的氛围和电灯的使用习惯也会发生很大的变化。我家还在上小学的儿子学着我的样子，在晚饭后放松的时候转动调光器的旋钮，把房间里的灯光调暗，这着实让人觉得又可爱又有点好笑。

在设计中，筒灯的数量要尽量地少。装饰过的天花板是那么好看，所以尽量不要安装部件去毁掉它，而且直接在天花板上安装照明的话，会失去空间的深度。

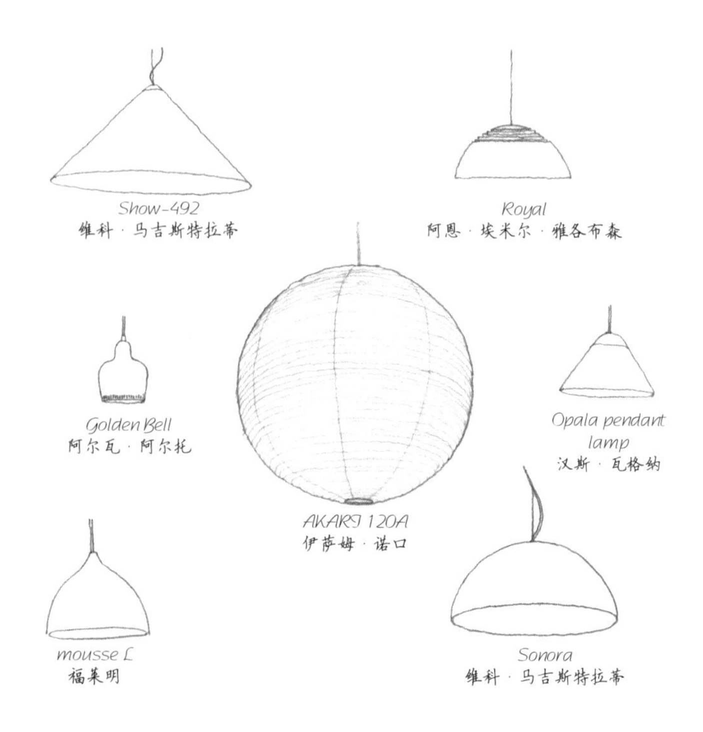

当然，为了不破坏住宅的功能性，我们在重要的地方都安装了工作灯（手边灯），但即便如此，人们还是认为我们设计的住宅有点暗。其实这几年，我自己也觉得这些灯光不够亮。切实地感受到了岁月不饶人，稍微反省了一下自己……

在选择灯具时，最重要的是设计（形状、材料、颜色）不要过于融入空间，光线扩散的方向和照明度要适合这个空间，使用起来要方便。餐桌上方的吊灯，为了可以适应各种各样的用餐场合，所以选择形状简单的款式。如果天花板颜色明亮，光线可以向下扩散，如果天花板用木板装饰过的话，可以用半透明的伞状灯罩来透光，这样也能增加整个空间的亮度。

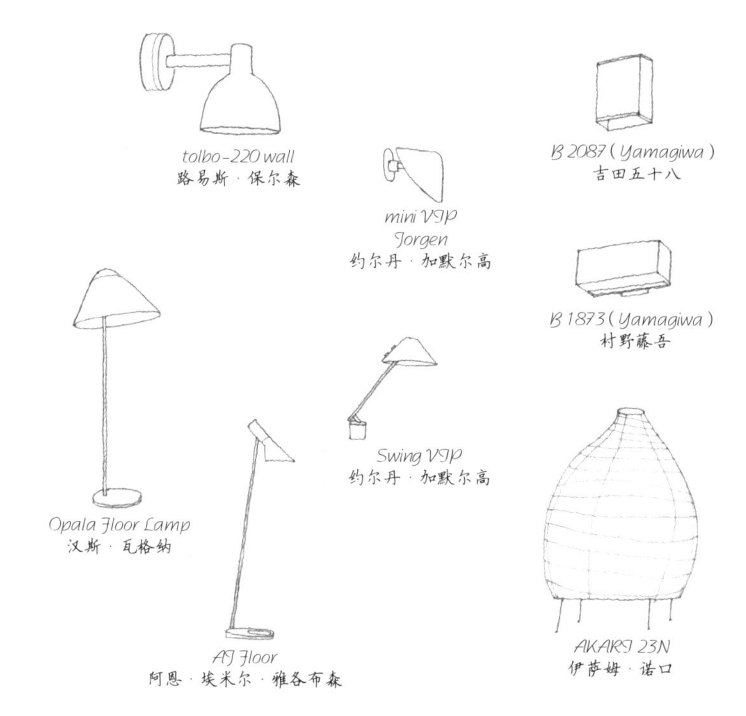

房间的主灯，我使用的是伊萨姆 · 诺口的 AKARI 系列，直径为 120cm 的大吊灯。宛如满月的大球体浮在空间里的样子很有趣味，而和纸的轻盈也让这么巨大的灯没有压迫感。

放在桌子和沙发旁边的台灯，在保证美观的同时也要重视使用时的便利性。“Swing VIP”的特点是，台座会相对偏小，与伸出的吊臂和大伞灯罩形成不平衡的样子。由于台座有足够的稳定感，所以可以任意移动吊臂，自由自在地移动光的位置，是一种才貌兼备的照明设备。

在玄关和靠近门廊的地方，选择了与房子外观很搭调的“tolbo-220wall”。我很喜欢它的造型，我开始进行房屋设计以来使用了很多。

如果外面放一张长椅

我几年前为我的哥哥设计了房子。这是一个四周用水泥墙包围着的带有小院子的房子，与起居室的大窗户相连的庭院是这个房子重要的场所。哥哥不是那种喜欢侍弄花草的人，而且他认为“就算有庭院，不一定能用几次”。但是，作为设计者，我希望那个庭院可以不要荒废，能积极地利用起来……因此，我在客厅视线的尽头做了一张水泥长椅。我说要在院子正中央搭长椅，哥哥一脸不满地说：“不觉得碍事么？”而我还是坚持说：“有一定比没有好。”

不可思议的是，如果窗户对面有长椅，就会给人一种“我可以去到外面”的感觉，使内外空间的距离一下子拉近了。庭院这一外部空间似乎被拉到了建筑物的里面，被内部化了。没有长椅的庭院，总觉得不稳当，容易被认为是用来欣赏的。不管是否真的用了，“有可以坐的地方”这个事情会让人觉得自己有坐下的选择。如果本来没有长椅，出去喝茶的时候就要搬一个椅子，但根据经验，入住之后不久，就再也不会这么做了。

当然，并不是制作一个长椅就结束了，人走的地方要用石头、瓷砖等铺设，这样比较方便，也要尽量保证有摆放盆栽的空间。如果可以的话，亮一盏小小的灯就更好了。我们喜欢用路易斯 · 保尔森的 tolbo 支架灯。既简单又娇俏的外观非常可爱，而且并不是要照亮所有的地方，而是灯光向下照射，给人一种“请看这里”的感觉。

定制的混凝土长椅让庭院的使用率更高

在设计委托中，也有提出“想要建造屋顶花园”要求的客人，但我不太推荐。其实建造一个与日常生活范围完全隔离的地方，与你想象的不同，这样的地方使用率真的很低。庭院与室内有连续性，可以作为室外起居室来使用，使用频率会高很多。比如，请人去客厅吃饭的时候，可以说：“要不我们去院子里喝点酒？”即使你想背着家人“一个人读书”，也可以去到院子里，感受那种若即若离的氛围，想想都觉得很开心吧。是不是只要环境允许，你也想装一个长椅了。如果是公寓的话，只要在阳台上放盆栽和凳子就可以了，所以不要让家只局限在玻璃窗的里面，而是让人也能感知玻璃窗的外面，以此产生开阔感。

顺便一提，原本对庭院和植物都不感兴趣的哥哥，自从房子建好后，开始专心打理庭院。现在我会经常接到“我家的山茱萸有点蔫儿，该怎么办？”之类的电话。这种改变让我觉得开心，也有点意外。

椅子的舒适度

被委托做设计的时候，有人会问：“不能做椅子吗？”我们有时也会设计固定在建筑物上的长椅和沙发，但对于作为单体家具的椅子，我们总是抱着“这是自己无法进入的领域”的心情，从来都没做过。

我毕业于东京艺术大学的建筑系，一年级的夏天有一个课题是“椅子”。为了学习人体的尺寸，要求从椅子的设计到制作都由一个人完成。当时需要亲自到林场的木材加工厂挑选使用的木材，借用了大学里的木工室和油漆室一步一步地制作出来并进行了展示。大家都铆足了劲想要制造出全新设计的椅子，但很多时候连结构上的稳定都做不到，更别说是坐起来舒服的椅子了，我深刻地感受到了这种困难。

正因为如此，当我看到这把舒适、美观、百搭的完美椅子时，我就更加知道就像买饼就要去饼店一样，“设计家具还是交给家具设计师吧”。真正让人坐着舒服的椅子是根据人体工学和材料力学设计出来的，是经过长时间反复试制的结果。

汉斯 · 瓦格纳设计的熊椅

哥哥搬进我们设计的房子时，买了汉斯·瓦格纳设计的熊椅。瓦格纳是活跃于20世纪的丹麦家具设计师，一生设计了超过500款椅子，其中有几款在世界范围内广受欢迎。北欧的设计师对树木有着非常多的灵感，诞生了很多独具匠心和品质优越的家具，比如博伊·莫恩森的家具。

熊椅是瓦格纳椅子中价格最高的，一把椅子的价格可以买一辆车。哥哥是个有收集癖的人，当时他迷上了北欧家具，收集了包括古董在内的各种家具，后来他决定“等房子盖好了，再买一把熊椅，就当是最后一次了”……话虽如此，实际上他的收集似乎还没有结束。

顺便说一下，在丹麦的养老院度过晚年的瓦格纳，因为可以带自己喜欢的家具进养老院，他选择了带这把熊椅。对这把椅子这么有感情，想必也是因为坐着很舒服吧。迎接喜欢的椅子回家，这与日常生活的幸福感息息相关。那不仅是坐着舒服这么简单，还有能和漂亮的椅子一起度过时光的喜悦。

这里，我想介绍几款我们喜欢的椅子。

我在自己家和事务所里常年使用的是汉斯·瓦格纳设计的“Y Chair”。它是经典款中的经典款，由于坐起来很舒服，再加上用实木弯曲而成的美丽的形状，我觉得它是非常棒的。在“I39 Shaker Chair”等其他餐椅上也使用了纸绳编织而成的座席面，这种材质可以让你舒适地度过每一个季节。扶手更短的“PP701”（瓦格纳为自己的住宅设计的）和靠背弯曲向后凸出的“anpan chair”可以兼顾扶手的舒适性和空间的利用。与“Y Chair”使用了相同设计的凳子用起来很方便，可以说是非常优秀的配角了吧。平时用来放

Shoemaker chair

pp701
汉斯 · 瓦格纳

Stool 60
阿尔瓦 · 阿尔托

Pk22 chair（藤制）
保罗 · 克埃霍尔姆

东西，如果有客人的话就作为加凳。阿尔托的“Stool 60”也可以代替床头柜，用途很广。我家在饭厅的窗边放了一张“Shoemaker chair”，我坐在那里专门观鸟。由于座椅面的设计可以包容臀部凸出的形状，坐起来会更加稳定。没有靠背的凳子移动搬运起来也很轻松，用起来非常方便。

即使放在那里也很优美的保罗 · 克埃霍尔姆的“Pk22 chair”，只要随便放在一个地方，那里就能成为用于阅读的特别空间。说到读书，吉村顺三设计的“可折叠的椅子”，折叠后可以轻松携带，展开后可

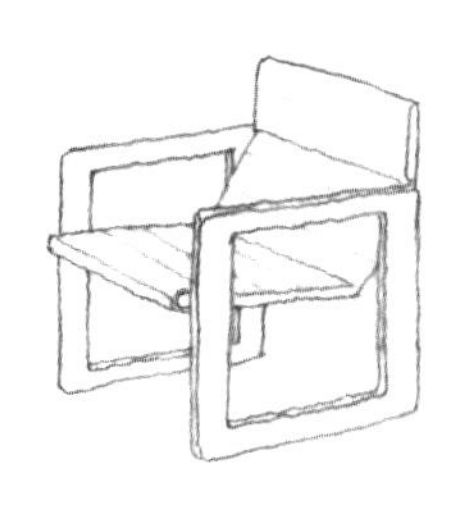

可折叠的椅子
吉村顺三

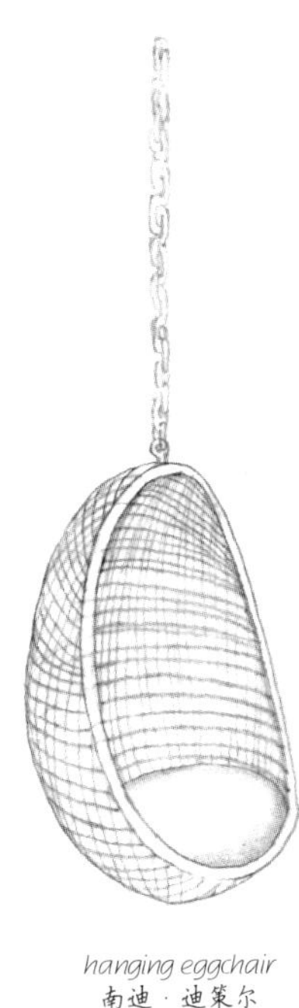

hanging eggchair
南迪·迪策尔

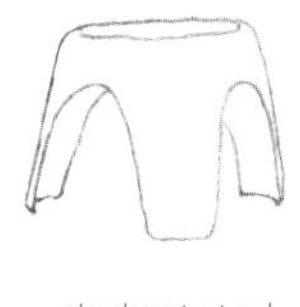

elephant stool
柳宗理

以承受很大的重量，坐在上面读好几个小时的书也没问题。本来是室内用的，我们也拿去院子里用了。

如果要放在室外，柳宗理的“elephant stool”是最好的选择。因为用完全一体成型的聚丙烯制成，轻巧，能堆叠，结实。简单而独特的大象造型，外观看起来也不错。

最后，有一个特别的椅子，从以前开始我就很想要，那就是“hanging eggchair”。用锁链吊在天花板上有悬浮感，看上去很舒服，坐着也很舒服。只可惜我家找不到可以吊它的地方。

2·日常的乐趣

结婚后，最开始是住在横滨一间 29 ㎡的出租公寓里。

建筑师前辈建议我们“新婚时最好住在有特色又有趣的房子里”，于是我们按照前辈的建议选择了居住的地方和房子。一眼看出去就是山下公园这一景点，只要向外走一步，假日就会有各种活动涌来，还可以乘坐海上巴士（连接未来港周边的海上巴士），一点都不无聊。

刚开始工作的时候，几乎没有休息的时间，这里是一个可以尽情享受偶尔才能拥有的假日的好地方，但以我们的预算租到的房子，对于两个人来说面积太小了，采光也不好，一打开窗户井野快餐店的薯条味就会飘进来，充满整个房间。

虽然我果断地做出了“工作日白天坚决不在家”的决定，但如果因为房间小就把家具数量减到最少，连点缀生活的闲暇都没有的话，日子就会变得异常乏味。而我想在又小又暗的房间里度过快乐的日常生活。

虽然没办法住在大房子里，但“至少要在家具上有所讲究”，于是我下定决心，选择了一套餐具，买的时候就想好了要用很久。如果每天都能坐在很有品质的桌子和椅子上吃饭，想想就已经很开心了。

因为选择了与空间不相称的大桌子，所以餐厅的过道只有 50cm 了。另外，卧室里还摆了两张半双人床（1.2m 宽），几乎动弹不得。因为是双职工家庭，在家里度过的大部分时间不是吃饭，就是睡觉，所以在买大桌子和大床的问题上没有犹豫过。来玩的朋友一开始都很惊讶，但过了一段时间后，都表示赞同：“这个也不错。”要说不方便的地方的话……虽然很少，但是吵架的时候连躲开对方去厕所的路都没有。

然后还在这很小的空间里放了一个装饰架，收集自己喜欢的摆件。虽然房间很暗，一整天都没有阳光照射，但我还是做出了相当积极的解释：“这就像挪威的白夜一样。”我们在那里放了各种复古的小物件和日本的民间工艺品。我深信这里是北欧，并试着把身边的小物件都收集在一起了，结果发现那个小架子真的有了北欧的样子，当然，或许只是因为我比较单纯吧。

对于绝大多数人来说，很少有人觉得自己家是没有遗憾的。多少都会有些不满意的地方，只要改变看待问题的方式，稍微花点心思去创造，我想每天的生活就会变得更加快乐和丰富。

享受做饭的过程

在家里，你有多少时间会站在厨房里呢？准备、做饭、收拾……这么一想，其实厨房是需要花费很长时间的地方。

我家的厨房空间并不大，但我设计的目的是让大家能够心情愉悦地做饭。最主要的设计方向就是“方便使用，方便整理”。我将调味料、干货、烹饪用具都高效地摆放好，仿佛在飞机的驾驶舱里，所有东西触手可及，努力营造一个可以专心烹饪的环境。做菜也和操作飞机一样，是一场不能松懈的与时间的战斗，为了可以顺利地操作，操作台不能太宽，那样不够方便。只要踏出一步，伸手就能够到的距离才是合适的距离。

做菜时，如果做中国菜，灶台上会溅满了油；做意大利面时，酱汁会喷得到处都是，厨具也得摆出来很多，吧台就变得乱七八糟。如果收拾不干净的话，在做下一道菜时就会变得很麻烦，所以在打造快乐的厨房的时候，容易收拾是很重要的一点。为此，我在准备厨具的时候，会注意只准备最需要的。如果把“主要战斗力”放在容易取出的位置，就能快速取出、快速整理。另外，每天打扫吧台时也不需要洗涤剂，用喷雾器喷点水，然后用厨房纸巾擦干净就可以了。意外的是，仅仅这样就能清除日常生活中的污垢，而且对食品没有影响，非常让人放心，不用花费太多时间就能愉快地收拾好。我每天都在摸索不用太过努力就能维持日常基本生活的方法。

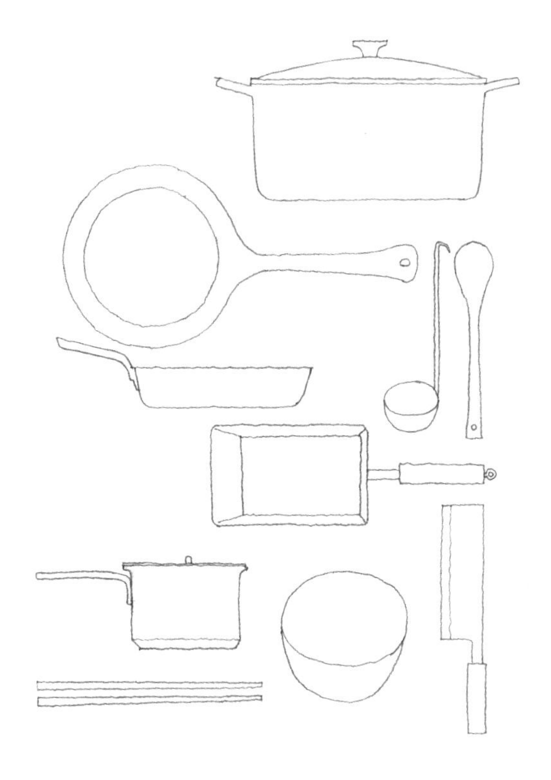

制作美味的各种形状

另外，我家的食品柜也很小，进深也很浅，但是所有的存货都很容易就能看到，使用起来也很方便。这也适用于所有的收纳，如果太深的话，放在里面的东西很容易成为“死藏品”。厨房是处理食物的地方，并不是收纳量越多越好。

如果厨房不完全独立，而是与餐厅相连的话，会使整个空间更生动。一边做饭一边和家人聊天，偶尔看一眼电视，邀请别人来做客的时候，一边做饭，一边加入谈话的圈子，比起被隔开的空间，这样会使“做饭的时间”更有乐趣。在我们设计的厨房中，经常会在空间连接上下功夫，比如设计一个面向餐厅的窥探窗。客户中也不乏“想一个人窝在家里专心做饭”的人，所以设计不能一概而论，但越是不怎么喜欢做饭的人，越是喜欢厨房和餐厅有联动。

除此之外，还可以考虑“寻找自己心仪的瓷砖”“门的装饰使用木板，用木头营造出温柔气氛”等，用细节营造出轻松愉快的氛围。如果想要在厨房尽情施展拳脚，使用全不锈钢的商用厨房也会让人兴奋不已；也可以将其作为房间的一部分，使用与其他家具相近的材质，可以根据使用的人喜欢的方式设计厨房的布置。

望着窗外的绿色……虽然这样的环境也很理想，但我家很难做到这一点，所以我准备了一个小花瓶，插上从院子里摘来的小花，感受着些许绿意。

自从有了自己家的厨房，我比以前更期待做饭的时间了。每个人都有不同的“来，做吧”的开关，不一样的厨房也可以让做饭的时间变得更快乐。

整洁的厨房固然好，但开放式厨房里摆放着烹饪工具和调味料更能营造出愉快的氛围

拥有一张大餐桌

走进咖啡店，粗略地环视了一下店内，大致正中间有一张可供多人使用的大桌子。“啊，就在那里吧。”我会毫不犹豫地选择了这个位置，但听周围的人说，似乎并不是大家都会这么选。为什么喜欢这个位置呢，因为和完全不认识的人仅隔着一块木板来共享整个空间，这种距离感很有趣，而且咖啡馆的双人桌太小，放点饮料都不够。我想，既然如此，还不如一张大桌子，每个人的空间宽敞些。

我们谈到了新婚时居住的公寓，我们的观点是“即使房子不够宽敞，餐桌也要大一些”。和咖啡馆的故事一样，如果每个人的空间太小，餐具就放不下，只能像拼图一样整齐地摆放好，吃完后马上撤掉盘子。这样一来就变成了像大众居酒屋一样忙碌的用餐方式（喝酒的时候倒是很开心……）。如果有大餐桌的话，就不用因为上了新菜而慌张，还可以分别使用多个盘子和玻璃杯。即使是这样的小事，如果按照心意来也能让吃饭的时间变得愉快。

我家的餐桌对于一家三口来说尺寸略大，但因为平时有玻璃灯具和

能围坐在桌子旁才是无上的快乐

鲜花装饰，所以不会感到冷清。在家里备齐几个自己喜欢的小花盒，装上不管是在院子里摘的花草，还是在花店买的花，都能轻松点缀餐桌，非常实用。

另外，在小饭桌上招待客人可能会因为空间太小而让人有些犹豫。其实只要有能聚集人的空间，就会想要积极邀请客人来，人数增加了，吃饭的乐趣也会变多。如果人很多的时候，圆形的桌子也会让吃饭更有趣味，但要注意的是，如果空间不够宽裕的话，就很难摆放那么多的菜；相反地，如果人数太少的话，距离太远就会感到疏远，而且也很难摆放菜品。所以我家用的是长方形桌子。

餐桌不仅仅是吃饭的地方，也可以成为家庭生活的据点。在做一些事务性的工作或孩子做作业的时候，虽然大家都有自己专用的小桌子，但不知不觉中还是会在大餐桌上度过，大家是否有过同样的经历呢？其理由之一大概是空间大，可以单纯地放很多东西，工作也比较容易推进。另外还有一个理由，那就是，隔着一张大桌子，既不离得太近，也不离得太远，根据座位的不同，建起自己的“间隔”，这对家人来说是很舒服的。大餐桌具有吸引家人的力量。

不要因为房间小就把小餐桌和小沙发并排摆放，要果断地把大餐桌和沙发组合起来，形成沙发餐厅的形式，这也是一种可以尝试的方法。即使没有客人来，如果有一张能坐下很多人的餐桌，除了具有前面提到的实用性之外，还会给人一种宽敞明亮的印象。大餐桌潜在的“聚集人群”的功能是很有魅力的。

在超大的桌子上摆满食物，大家围坐在一起

一个人的时间

要是想家庭成员各自都有书房和衣帽间，如果有足够的单间面积的话，当然好，但也并不能人人都有大房子。那么，在哪里才能确保拥有一个人独处的时间呢？有一种方法是，根据时间段独占原本属于全家人的场所。

可能是因为年龄的关系，现在每天起床的时间都提前了，最近4、5点就开始起床活动已经是很平常的事了。街道昏暗、安静……但出乎意料的是，街上跑步和遛狗的人来来往往，当然比白天少，听起来也似乎都是下意识地放轻动作。一边感受着清新凉爽的空气，一边从客厅的窗户呆呆地望着人群聚集前的街道，有种独占世界的感觉。也许有人会觉得有些夸张，但早晨的街道就是有这种无底的包容力。

最想在那里做的事情是……这么说来，果然是观鸟。虽然和家人一起观察和喂食也很开心，但儿子会拿走望远镜；工作间隙去观鸟，还要担心工作人员递过来的白眼。所以对我来说，能尽情享受鸟的只有早上这段时间。我家位于高台上，为了从二楼起居室可以眺望到更多的景色，所以开了一扇水平方向连续的长窗。以逐渐泛白的天空和街道为背景，眺望停在树木上的鸟儿，给来到窗边的贪吃的小东西喂食。最近，还把椅子搬到如猫额头般大小的庭院（也可以叫停车场），在那里赏鸟来打发时间。房子建好后又过了几年，院子里的绿植也茂盛起来，成了很好的观鸟场所。

起居室一到晚上就变了模样。妻子和儿子睡着后，我又一个人占据了客厅，这次是看书或用平板电脑购物。把照明的亮度调得比平时暗一些，关掉大的吊灯，换成台灯，创造属于自己的安静的氛围。其实照明是切换空间氛围非常方便的装置。

在客厅等公共场所度过一个人的时间时，要注意的是，不要把日用品和孩子的玩具等能体现生活感的东西摊开不管。在附近找一个能收纳经常使用的物品的地方，如果不方便的话，就找一个大篮子之类的放在固定位置。贴在冰箱上的孩子们的小玩意也可以贴在吊门内侧等地方隐藏起来。为了自己即将到来的时间，我每天都会兴冲冲地收拾起居室。

如果考虑到空间会随着时间发生质的变化，那么一个人就能占据比专属空间更大的空间。像这样稍微改变一下想法或许也不错。

布置装饰的场所

出去旅行的时候，会想把当时的感觉带回家去，所以会忍不住想买有当地特色的摆件和器皿。但是一旦带回家，却意外地发现不知道该摆放在哪里。

当你觉得“啊，这个真漂亮啊”而拿在手里的时候，要稍微抑制一下买下的冲动，想象一下它放在自己家里的时候会是什么样子，然后再决定买不买。另外，不要把装饰的东西放在主要位置上，要稍微考虑一下是否适合那个地方，摆放之后整个家里的风格会产生怎样的改变，同时要以填充空间的角度去决定物品摆放的位置，这样才能更好地和家里的风格相融。用如何选择衣服去类比就容易理解了吧。即使单看很好看，如果很难搭配的话，大概也不会买来穿在身上了吧。

不仅要考虑用于装饰的东西，在家里预备一个用来摆放装饰品的地方也很重要。在新建或改建房屋时，如果要制作壁龛（将墙壁的一部分凹陷进去的地方用作装饰架），那一定要仔细地研究壁龛高度和大小是否适合这个空间。如果在里面装上射灯，会更加吸引视线，这种照明方式会让空间一下子亮起来。

在我家的玄关装饰着很大的砧板

当把合适的东西放在精心制作的装饰架上时，即使是孩子做的折纸，也会显得很特别，这真是不可思议的事情。如果是租来的或者借来的房子，可以在窗边的一角或者在现有的家具上，试着寻找能成为风景的地方。特别是走廊尽头和宽敞的墙角，或者是让人觉得“这附近要是有窗户就好了”的稍微封闭的地方，这些是最适合做装饰的地方。如果家里有几个可以装饰的地方，选购物品的乐趣也会增加吧。

我喜欢收集大大小小的装饰品，即使在工地现场附近，也会忍不住去寻找好看的店铺。之前，我在工地现场附近的古董店里发现过一个大圆砧板。在和客户会面前看到了那个砧板，因为太喜欢了，所以在会面的时候一直心神不定……这可是我不能告诉委托人的秘密。

这个砧板据说曾经在英国的修道院使用过，上面留下了无数从各种角度砍下来的刀的痕迹，可以让人深刻地感受到时间的流逝。店员建议“可以平着放，在上面摆上一些东西”，但我下定决心“将它挂在玄关正对着的墙上”，于是买了下来。带回家一看，真的很适合那个位置，现在已经成了我家迎接客人的“门面”。

想把美好的东西摆在身边

虽然我经常在想“我要打造一个美丽的家”，但我还是认为家作为一个容身之所，还是尽可能简单点比较好，所以我一直期待可以让居住者按照自己的喜好去选择好看的家具来装饰。除了前面提到的英国的大砧板，我还想介绍一些我家用来装饰的家具。

我家的客厅里挂着大块京唐纸的挂轴。那是我去京都修学院附近的一家叫“唐长”的唐纸店里，挑选自己喜欢的印版请他们印刷的。从设计阶段开始，因为白色墙壁的面积很大，就想把它的装饰做得大一些。虽然也讨论过使用照片和绘画等，但我想要的是不拘泥于季节和家居风格的作品，所以最终选择了从江户时代就有并且流传了很长时间的唐长唐纸。印版的花纹是代表吉祥的松树纹样。

还有我在读大学的时候，在车站前面的广场上举办的古董集市上闲逛，一时冲动买了下来的一辆大型木制纺车。好像是东京八王子市的农家使用的。我当然没有纺线的计划，但我就是被它是实际使用的工具这一点吸引了。曾经在一本建筑杂志上看到过建筑师永田昌民设计的住宅，也装饰着同样的木纺车，我不禁感慨：“原来如此，摆放能感受到人的生活活动的东西，空间就会变得如此生动。”也许是那个印象太过深刻，所以内心被深深触动了。

白色的墙壁上挂着唐纸，摆放着纺车等“漂亮的东西”

这辆纺车在老家被当成废品，很长一段时间都被人嫌弃，但看到它端端正正地摆放在家里客厅里的样子，觉得买得真是太值了。虽然我还收集了其他的玻璃制的小工艺品，但买家具的时候却还是下决心选择了大的。从基本常识来想的话，如果家具比较大，与其说它是装饰，不如说它是房间构成要素之一。此外，有手工艺感的工艺品或曾用于其他用途的旧物件等，这些不是单纯的工业产品，而是能感受到人的手工活动的东西，会给空间带来深度。

当然也会有失败的时候。这也是学生时代，在巴厘岛旅行时命中注定遇到的座头鲸雕塑。全长 1.3m，因为是从一整棵树上雕刻出来的，所以重量也很重，购买价格 2 万日元，运费却花了 3 万日元。这是一尊精美的雕塑，但因为太过巨大，一直沉睡在老家的屋子里，不见天日。也许外国人觉得“日本人爱买鲸鱼”吧，从那以后，巴厘岛的这家店开始卖大量的鲸鱼雕塑，也不知道这个传闻是假是真。

特别的房间

在建自己家的时候，我做了一个很小的和室。面积只有 3 帖大小。而且因为是在阁楼里面勉强挤出来的，所以天花板是倾斜的，越往里走，就越低。

最后我们决定在这个空间里“装下小小的梦想”。房间整体以白色为基调，非常清爽，但我想：“这个日式房间稍微有些特别也没关系，试着做一个在其他房间里没有勇气做的稍微有特色的空间吧。”经过一番苦思，最后在入口处的拉门上装了一个有点童趣的葫芦形状的拉手，纸拉门选用了“东京松屋”的尾形光琳的波浪版木印刷的唐纸，墙壁是黄莺色的淡色聚乐（译者注：聚乐是墙面涂料的一种。名字的由来是使用了丰臣秀吉建设的聚乐第旧址附近的土。茶色土墙的特点是防火性好。随着岁月的流逝会变化出独特的色调，因此被用于茶室等的墙壁上。现在，在建筑和室的时候也经常使用）。也许因为只有 3 帖大小，所以也没有花很多钱。

其实，在设计这个和室的时候，有一个我一直在脑海中描绘的空间。

那是刚结婚不久的事。虽然我们没有那么宽裕，但还是特别奢侈地住进了京都一家叫“俵屋”的老字号旅馆。我从很早以前就渴望着“住一住”的那家旅馆，正如我所期待的那样，布置得非常出色。客房就不用说了，尤其吸引我的是那个让客人放松的小型公共图书馆。

房间像阁楼一样有着低矮天花板，铺着地毯，被陈列着许多美术类图书的书架所包围，进入的瞬间，就像发现了秘密的房间一样，被深深地吸引了。淡淡的自然光从剪下了庭院美丽的绿色的窗户射进来，室内又有着来自台灯的沉稳的灯光。摆放着芬 · 尤尔椅子的小空间用“高品质”这个词来形容再合适不过了。我们非常喜欢它，并仔细观察了房间的每一个角落（建筑师的旅行往往如此）。这个房间散发出凛然的气息，让人感觉应该腰板挺直，同时也有一种让人放松的包容感。整个旅馆都充满了这样的气息。可惜的是，我几乎没有出去观光，大部分时间都是在旅馆度过的，但还是心满意足地踏上了归途。

俵屋是充满了日式美感的旅馆，但里面的这座图书馆的布置却偏西式，从整体来看，在某种意义上是一个不和谐的场所。但是，为客人准备这种充满童趣的空间，会让人感受到俵屋的包容性，更增添了建筑物的魅力。

我家的和室比俵屋的图书馆要小得多，也不是特别实用的房间，但只要一想到家里的某个角落有这么一个布置得很有魅力的房间，我的心就会雀跃不已。不仅要考虑如何使用，还要想到以后会修改的可能性，是一个恢复童心、让我珍而重之的特别空间。

仅仅 3 帖大小的“特别的房间”

只在这里说一下，我的家人和工作人员都把这个3帖的和室叫作“the ataraya”（译者注：ataraya是俵屋的日文读音）。当然，在对俵屋的美丽表示敬意的同时，也融进了对奢华的小房间的亲切感。

京都麦屋町里静静伫立的旅馆
俵屋前面的提灯

培育绿色

事务所的工作人员中有一位非常喜欢照顾植物的女性。她说她曾经想过要走园艺这条路，但因为太讨厌虫子而放弃了。我擅自地称她为“园艺部长”，我把在事务所的建筑物周围和我家的植物都交给她照顾了。虽然她还是偶尔会因为有虫子出没而发出尖叫，但还是很感谢她好好地管理着这些植物。不只是她，我们夫妇也很喜欢植物。妻子在屋顶的小露台上种着做菜用的蔬菜和香草，我有时冲动地买了一盆太大的盆栽，“园艺部长”会生气地问要放在哪里。

虽然没有专业园艺家的知识，但在事务所设计的建筑物里种植的植物几乎都是我自己去挑选的。住宅竣工时种植的树木对我们来说，如果不好好种植，就会觉得工作永远都没完成了。硬朗的建筑物加上绿色的瞬间总是让人充满了惊喜，连环境的氛围也变得特别好。植栽的费用有时占用建筑的预算，但绿色的力量是巨大的，而且即使事后再想做，也无从下手，所以最好保证有充足的预算，哪怕只种一棵稍微大的树也好。

树木大致可以分为常绿树和落叶树，为了保证隐私或想经常看到绿色的可以选择前者，而愿意享受季节变化的最好选择后者。另外，根据原产地的不同，叶片的样子（薄而细腻的、硬而厚重的等）也不同，适宜生长的环境也是不同的。有的喜欢向阳，有的在背阴处也能茁壮成长。但是，我认为没有必要把植物组合规则想得太复杂，只要参考专业书籍和专家意见，从喜欢的品种开始尝试就可以了。我们一开始也只认识几种树木，还去农庄边学习边记到脑海里。其实只要稍微了解植物的名字，就会被人说“你很了解啊”，我意识到这一点后，就会心情变得更好，也会稍微多学习一些。

顺便说一下，事务所在地下，外面的景色完全看不见。因此，为了“多少感受一下季节的变换”，便在干燥区域培育了几株盆栽植物。现在种植的植物，以枫树、山茶花（椿的一种）、利休梅、小杉等日本的固有品种为中心，配上蕨类、苔藓类、姬石楠、药草叶、淡叶青等山野草作为下层植物种植。这个干燥区域不怎么晒得到太阳，空调室机（风实在没有其他地方可吹）夏天吹暖风，冬天吹冷风……在如此严酷的环境下，即使种下了自己喜欢的树种，也会出现枯萎的情况。因此，即使公寓的阳台等地方环境也很差，也请一定不要放弃，尝试挑战一下。

到了每年两次的“今天是园艺日”，事务所全体人员会出动进行修整。捡起落叶，将长出的杂草连根拔起，加入新买来的植物并稍微换一下位置，为了调整树形进行修剪。突然有一次，发现上小学的儿子也参加了进来，因为他也在拔杂草中发现了不可思议的快乐。园艺工作结束后，一边欣赏清爽的树木，一边在干燥区烧烤，喝啤酒。

这一杯酒，也出奇地好喝。

即使是混凝土的建筑物，有了绿色点缀，氛围也变得柔和起来

3·便于使用这件事

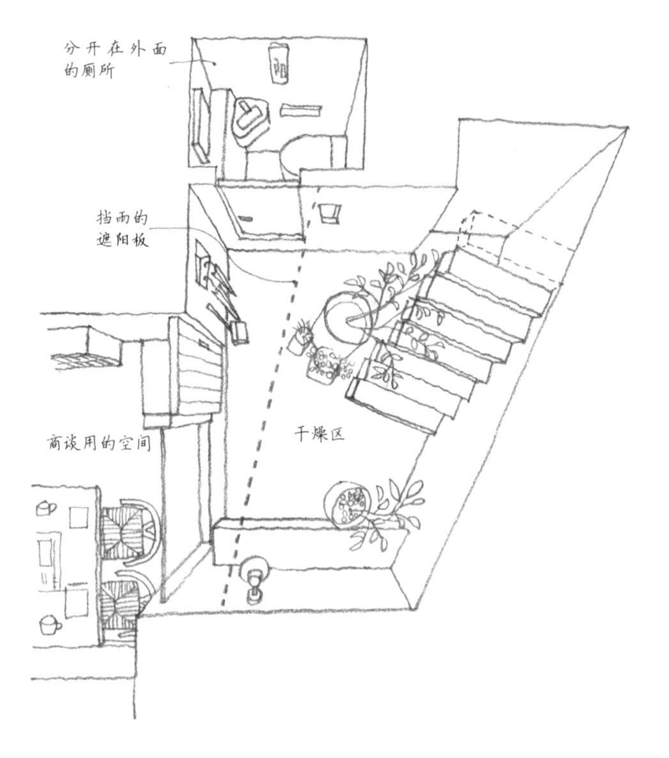

事务所和厕所通过外面相连

位于地下室的小事务所的厕所在建筑物外（干燥区）。这是我们从以往的经验中绞尽脑汁得出的结果，现在看来是正确的。

因为是设计事务所，所以客户来访的频率很高，其中带着孩子的人也很多。一开始听到厕所在外面，有些人会感到惊讶，但考虑到，“如果厕所离会面地点只有几步的距离，会不会让双方都感到不安啊？”但是像现在这样，即使有人站在厕所里，外面的人也可以毫不在意地继续讨论，因为空间被远远地分割开了，所以即便是给孩子换尿布等花了很长时间，也不会感到不好意思。去外面接电话的时候顺便上个厕所，好像也很方便。我们自己在工作中去厕所的时候也不用太在意，哪怕只是一瞬间，呼吸一下外面的空气，心情也会自然而然地变好。

但是，也有可能因为厕所在外面而觉得不方便，懒得去那里，所以为了使用的便利性反复地进行了讨论。

首先，关于鞋子。每次出去都要换鞋太麻烦了。因为考虑到来事务所的所有客人都有可能要使用厕所，所以一开始就设计成可以在事务所内穿室外鞋走路，外面的厕所也可以穿室外鞋使用。地板上铺了便于清洁的大块瓷砖。干燥区域用砂浆铺地，所以鞋底的泥土很少会弄脏地板。还有一个就是雨天。虽然厕所的入口就在建筑物的门口，但人们还是不愿意被淋湿，如果特意打伞，虽然也可以忍一忍，但是也很麻烦。因此，为了让建筑物和厕所的入口相互连通，所以用了挡雨的遮阳板。虽然是为了不增加建筑率，又要人们不被淋湿而选择的最小尺寸的屋檐，但多亏了它，下雨天也没有了麻烦。

然后，关于温度。由于地下室的恒温性，夏天不会太热，但冬天什么措施都不做的话还是会有点冷。因此，在厕所里安装了一个小小的辐射式电板加热器，这样冬天的时候就会暖和很多。

我们自己也没有让房子用起来更方便的明确的秘诀。这一切都与使用者的性格和状况有关，不能一概而论。但其根本上的共同点在于，如本例所示，都是“先预测行动路线，后思考”。一天的早中晚、家人的生活节奏、天气、有无来客等各种各样的情况，提出“这种时候怎么办？”的问题，然后寻找相应的解决方案。因此，对于作为设计者的我们来说，把握建筑主人的性格是很重要的，同样，对于生活在这里的人来说，了解自己的性格也很重要。有愿意努力的人，也有不想努力的人，每个人都有适合自己的方式方法，所以不要勉强自己，只要明白“我是这样的”，就能打造出一个便于生活的家。

事务所的入口使用的是木质的门，正对着的就是厕所

小而丰富的生活

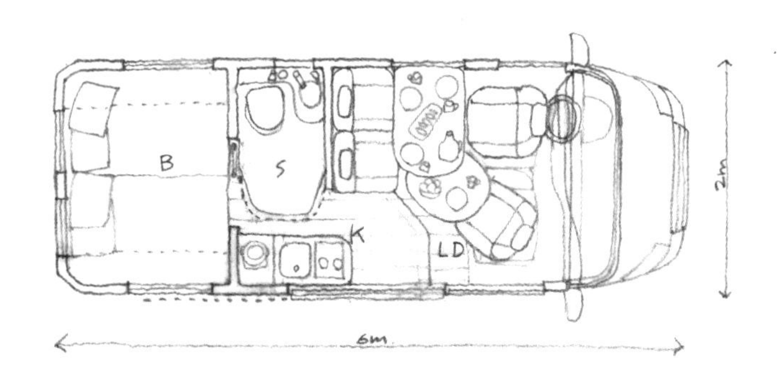

极具匠心，居住性也很高的进口房车

只在这里说一下，我很想体验一下房车。“所有的东西都被塞进了小小的空间里”，这种感觉极大地勾起我的好奇心。其中，进口的房车不仅内部装潢漂亮，而且设备也很齐全。举个例子，稍微小一点的房车宽 2m ，长 6m（占地面积 12 ㎡）。

这么小的地方能住 4 个人，真的是很厉害。驾驶席后面有桌子和双人座，只要转动驾驶席和副驾驶席，就可以 4 个人面对面用餐。厨房虽小，只有两个煤气灶，但生活丰富，比东京的独居生活更加充实，还备有小冰箱。车身后方是双层床，能睡 4 个人，带淋

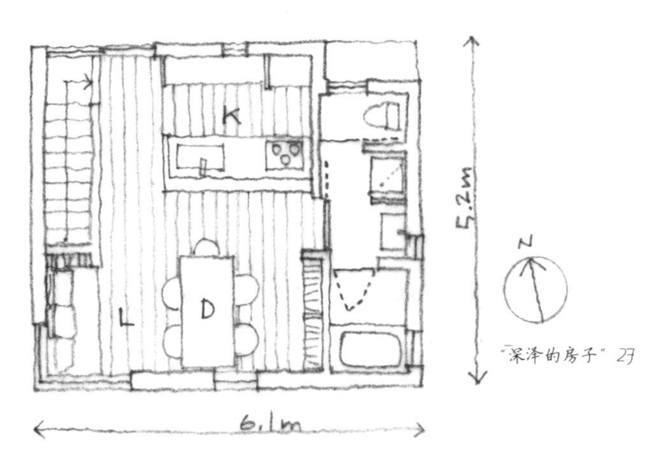

虽然很小但是内部很丰富的家

浴间和厕所。前方是餐厅，后方是卧室，中间是水槽和出入口，这样合理的配置没有一点空间的浪费，再加上可以根据行进、吃饭、睡觉的需求改变内部的结构和各个角落的收纳装置，堪称极限的“行走的家”。

只是房车的主要功能是行驶，所以无法想象在车里长时间停留，只能在车外的自然环境中寻找放松的场所。

那么，虽小却能让家人过上富裕生活的住宅是怎样的形态呢？

在 13 帖的 LDK 中，整个空间特别丰富

我曾在东京都内的旗杆用地上设计过一座小型住宅。为一对夫妇和两个孩子的四口之家开始了设计……但是，中途孩子增加了，成了五口之家（其实这种情况相当多）。6.1 m ×5.2 m 的约 31 ㎡的 2 层建筑，建筑面积约 62 ㎡（19 坪）。包括楼梯在内，和一般的公寓相比，绝对称不上宽敞。

但是，这个家虽然小，却能生活得很开心。夫妻俩的卧室和儿童房集中在一楼，爬上楼梯，二楼的客厅、餐厅、厨房尽收眼底，有一个举架很高的挑高空间。盥洗室集中安排在两室一厅的最里面，上面做了一个阁楼。两室一厅加起来有约 13 帖大小，但因为提高了天花板的高度，并利用旗杆用地的细长通道设计了视线非常好的窗户，所以并没有压迫感。而且，以沙发为首的房间的内部装修全部使用定制家居，消除了室内的拥挤感，使用起来不会浪费空间。厨房的宽度为 2.4m，十分宽敞，餐桌和椅子的尺寸可以容纳 5 个人。在材质上也毫不妥协，柜台等多使用实木，窗户装上了纸拉窗。

想要在小空间实现室内功能完备，首先要消除具有压迫感的空间形态，同时准备合适的收纳场所，还要使用有质感的材料。而且，对于作为家庭生活的最基本的活动——吃饭这个事情一定要认真对待。

实际上，这种想法的基本原理与房车的设计是相同的。

并不是说面积大就能住起来方便，也不是说面积大就能愉快地生活，就像这个例子一样，即使是市中心的一小块地皮，也能建造出方便生活、适宜居住的房子。生活的丰富性不一定只能用空间大小来衡量。

最重要的就是家具的尺寸

从我学生时代到现在，东京艺术大学（艺大）建筑系的教员室里有一件家具一直都在被使用着。

那是 8 名教授和 2 名全职助手共 10 人开会用的圆桌。

我想“这圆桌是从什么时候有的呢”，查了一下，竟然是从昭和 39 年（1964 年）就在这里了，算起来已经使用了半个多世纪，这让我很吃惊。据说是由当时在艺大执教的建筑师吉村顺三提议，在建筑系内设计的。圆桌上没有所谓的上座，吉村先生认为“使用这样的桌子可以自由发表意见，适合开会用”。

圆桌比人们印象中的要大得多，直径有 195cm，这个尺寸不是随便定的。因为是建筑专业要用的，所以需要能展开学生们的大尺寸设计图，3 张 A1 尺寸的设计图放在一起，外接圆的直径便是 195cm。还有更大的 A0 纸，可以并排摆两张，就是纸的四角会伸出桌外。两张 A1 纸的话，面积大一些，各自也能腾出写东西的空间。直径 195cm，周长则约为 6.12 m。假设每个人需要的宽度为 60cm 左右，那么正好可以容纳 10 个人，这个人数也刚刚好。并且再大的话，好像就进不了当时的教员室了。

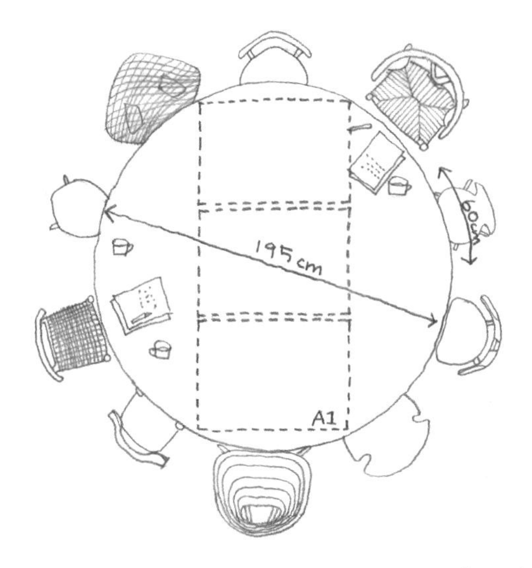

东京艺术大学建筑系教员室中的大圆桌。各种有个性的椅子围在外边

桌子的制作是委托了日本的老字号家具制造商天童木工制作的。桌面用的是柚木。另外，这么大的尺寸，使用单脚架的构造就非常棒，桌子的脚不碍事，任何人都可以轻松地坐着使用这张桌子。我作为助手来工作的时候，每天都使用这张圆桌。如果会议时间很长，需要叫外卖的话，就把中间的图纸整理好，换成外卖寿司的盒子和瓶装啤酒，各自的空间里摆放着碗碟、筷子和玻璃杯。如果在家里的饭桌上用这么大的圆桌，人和人离得很远，说话也不起劲，使用起来可能不够方便，但在教师们开会吃饭时，这样的距离反而正好。

在住宅中购买家具、制作家具的时候，也要仔细考虑其尺寸是否适合所在空间和应有的用途。不过，艺大的教员室是相当特殊的例子，在家里实际上没有那么严格的必需尺寸。因此，即使只准备一张餐桌，也不要有“四人用的话一般是这个尺寸”的想法。最应该做的第一步是测量所在空间的尺寸。当预订的桌子相对空间来说太小的时候，可以试着考虑一下空出来的地方可以用来做什么。如果没有特别的用途，只是作为过道的话，可以在留出保证吃饭时能让人通过的宽度下，试着换成更大的桌子，既能让进餐空间变得宽敞，用途也会更多，更可以有效地利用空间。

构成房间平面的是摆放家具的地方、人们居住的地方、人们通行的地方，以及没有任何用途的留白。特别是房间小的情况下，留白的空间往往很浪费，所以可以考虑一下减少留白的家具尺寸。

根据书和想要展示的东西来决定书架的尺寸

每天都要用到的东西还是要讲究一些

虽然事务所内选择了可以穿室外鞋在室内行走的设计，但长时间穿室外鞋会让脚变得闷热、浮肿，会很累。我也考虑过穿拖鞋，但觉得在工作单位内还是太随意了，而且还要走到外面去厕所和楼上的家，每次都换鞋很不方便。工作人员做了很多调查，找到了德国 bilkenstock 的室内鞋。

这个室内鞋很优秀，虽然没有通常的室外鞋那么好，但是鞋底的设计做得很好，只是去倒垃圾的话没有问题（有时候不小心就那样上街了）。外观也不错，在室内穿被客人看了也不会不好意思，脚也不会感到疲劳。虽然是些小事，但如果有一双容易走路、不累，出现在众人面前也不会感到尴尬的室内鞋，就可以省掉很多烦心的事情，也会省掉麻烦，工作进展也会更顺利。

说到每天都要使用的东西，还有冲绳的陶器“yachimun”，非常好用，我一直在家里使用。我本来就喜欢冲绳，经常去旅行，在壶屋还不像现在这么出名的时候，我就在一条窑厂和贩卖店林立的叫作“壶屋街”的街道遇见了它。我一直在寻找适合搭配料理

用起来很快乐的工具们

的 7 寸（1 寸 =3.33cm）盘子，但其实 8 寸盘子的深度和形状符合我的要求，厚重泥土的温暖感和花纹里充满活力的笔触，以及能衬托食物的朴素色调，都让我一见钟情。因为质地坚固，不用太过精心地对待也不会碎，百搭而且还能点缀餐桌。它既适合做咖喱饭这样的料理，也适合摆放油炸食物配卷心菜，可以说适合所有料理。

为客人准备的芬兰的 arabia 公司（现在是 iittala 公司）生产的咖啡杯和咖啡碟也是我的爱用品之一。手柄大，成套使用的时候杯子和碟子的中心会形成错位的特别的形状，手大的人也很容易握住，因为这种少见的形状，客户看见了也会问几句。旁边有放小点心的地方也很实用。顺便说一下，还是 arabia 公司的时候，杯子的手柄经常会掉下来，但自从被 iittala 公司收购以后，感觉把手变得结实了，我能有这个发现可能是受过伤的功劳吧。

在与委托人的交谈中也意外地发现，普通人对日常用具的选择并没有那么讲究。因为是消耗品，马上就要用，所以姑且先买下来也不是没有道理，但正因为是每天都要用的东西，所以使用起来方便、让人心情舒畅、频率高也是事实。从容易一下子就买下来的小物件开始，趁着换新的时机重新审视一下怎么样？

但是，这样的购物并不简单。在急需的时候，“先从被称为名品的基本款开始备齐”也是一个方法。不一定非得是昂贵的东西，长年累月受人喜爱的经典款一定是有受人追捧的理由的。在具备这些条件的基础上，再一点点添加自己喜欢的部分，也是保持选品基调的捷径。

冲绳的陶器“yachimun”和玻璃制的水瓶

像便服一样的房子

虽然现在穿的人已经很少了，但说起以前建筑家的固定款式，那就是“立领衬衫”。领子和普通的衬衫不同，很短，形状就像学生服一样。作为简装，不需要打领带。

建筑师为什么喜欢穿这件衬衫呢？理由很简单，因为它舒服又看起来很得体。虽然不能将所有的建筑师一概而论，但是只在做报告的时候要求穿着得体，平时又不会系领带，所以大家都不习惯这样穿着。而且，领带的存在实在是太拘束了……这样想的人很多。我正是如此。所以在需要一定打扮的时候，立领衬衫是很重要的。穿不习惯的衣服就会浑身难受的，一回家就想马上脱下来，同样，家也是如此，如果设计得太过做作，就无法让人平静地度过。决定盖房子后，很多人会翻翻杂志或网页，想象“什么样的房子比较好”，但请冷静一下。那张照片的风格真的是自己能生活的家吗？会不会觉得这是一张与日常生活相差甚远的照片，而不是让人一看就会有“真想住一次这样的房子”的兴奋想法的家呢？

当然，好不容易盖了新房，想实现的事情还是尽量去做比较好，生活习惯也会随着住进新家而改变。也可以这么说，有了习惯可以变通一些意识，房子的建造往往会更顺利。但是，比起建造一个完全不同风格的家，或许自己也能跟着改变，并且认为“在现在的生活的延长线上还会有下一个家”。

我们也认为居住的房子美观是很重要的。所以，请试着想象一下“住在像高品质便服一样的家里”的感受。每一件素材都经过严格挑选，精心缝制，不会松垮，能迅速穿过手臂，穿久了也不会累。而且，它的设计很漂亮，穿在身上会让人心情变好，偶尔被夸奖了会更开心吧。

建房子是一件非常特别的事情，所以很容易让人觉得必须用尽全力，但实际上，也许只是与平时相比买的东西变大了而已。坚持自己的风格，不会累，心情也会舒畅。希望大家在选择日常服装时不要忘记将立领衬衫考虑进去。

4·保持、整理

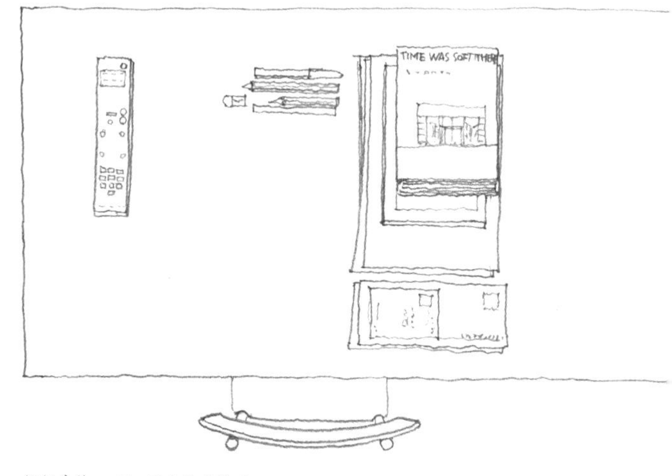

好好收拾一下，不也挺好的吗

我在艺大当助手的时候，有一个非常怕麻烦的同事。他是我学生时代的前辈，毕业后依然保持着艺大学生的气质，从他那里学到了一句话："八岛，先建立好 grid，这样整理起来就很容易了。"

grid 在建筑和设计的用语中指的是"方格"，也有"水平、垂直"的意思。建筑师，具有将所有事物"网格化（使之处于水平、垂

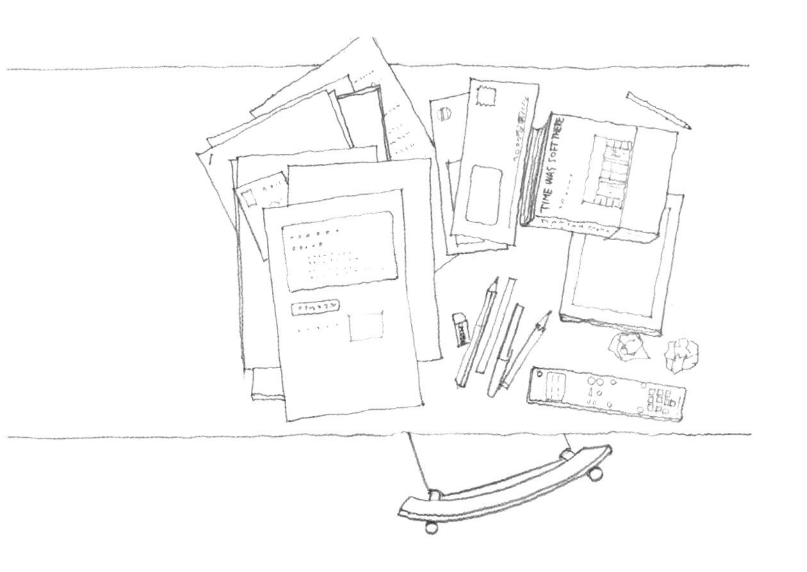

直状态)”和“让线穿过”的能力。为了建立秩序，不仅要用数值，还要用这样的方法（虽然也没有那么夸张）。

也就是说，按照他的说法，就算是整理起来很麻烦的时候，“把桌子上的东西集中起来，把角对齐”“把书架上斜着的书竖直立起来”“把椅子的靠背与桌子边缘平行”等动作，只要符合网格规律，不论哪里都能收拾得看起来很整齐。这句话出乎意料地一针见血，虽然他不论什么时候都这么做，但看起来确实收拾得很干净。虽然都是些小事，但这就是懒散的性格也能轻易实践的整理技巧。

听事务所的工作人员说，他们似乎在无意识中实践着“网格化”的技巧。工作繁忙的时候，在家里度过的时间必然会变短，房间也会渐渐变得凌乱，即便如此，每天晚上睡觉前，我还是会想着“至少要把网格弄出来”，把桌子上的杂志和遥控器的水平、垂直都弄整齐，排列在一起。即使是只需要 10s 就能完成的行为，也会让人觉得很舒服。

说起“整理”，我刚开始在事务所工作的时候，工作中使用的目录等资料被随意地收在书架上，没有进行分类。当初是和妻子两个人的事务所，只要这样互相问“那个放哪儿了”就好了，但是工作人员增加之后就很难办了,很困扰。然后有一天,工作人员说“现在这样不方便,要分类”,从这里到这里是地板材料,到这里是窗框目录……像这样给书架做了分类。这样确定了固定的位置,就省去了寻找的工夫,变得特别轻松。增加新资料的时候,只要放在规定的位置就可以了,即使是新员工也能马上记住位置。

无论是职场还是家庭,为了让“事情”顺利进行,事先预设好完成时的样子是很重要的。至少要做到,从网格拿出后,想起来的时候放回固定的地方。这是理所当然的事情,但这是我为了人际关系(为了不被家人和工作人员骂)而特别留心的事情。

从厨房通往玄关的“后台”动线上的食品柜和玄关收纳

不要疏忽了幕后工作

大学建筑系的学生在课题设计的课上，设计各种类型和规模的建筑物。我在几所大学教过设计课，发现“美术馆”的设计会比较难。

美术馆除了平时参观的入口大厅和展览室以外，被称为“后台”的部分也非常重要。还有一个搬运入口与正常的入口是分开的，放在客人看不到的位置。拆货室的天花板高度为了配合展品高度，可达数米，这里搬运车辆可以直接开进去，利用电动升降梯等将作品卸下，再通过巨大的电梯运到收藏库和展示层。收藏库的容积有时要比陈列的美术作品大好几倍，空调管理机房也不能马虎。正因为要处理的东西又精致又大，所以要确保“后台”的移动路线、使用便利性和空间不会产生障碍，这是很重要的。只有这些都能完美地实现，来参观展览的客人才能不受影响地享受美丽的展示空间和美术作品。

回到课题上，很多学生只顾着设计漂亮的展示空间，而忽略了“后台”，最后着急忙慌地补上，最后“后台”的动线又不成立，提交的时候被指出有各种各样的问题。我们就是这样从学生时代开始训练的。

这种“后台”，也就是“幕后”的存在，不仅支撑着美术馆，也支撑着餐厅、酒店等许多建筑物的“前台”功能。“后台”与“前台”的功能比例一般不太为人所知，但其实比想象的还要大，有时占整个建筑面积的一半以上。

“后台”的重要性也会体现在住宅上。例如，在餐厅吃饭的时候，搬运东西的手推车经过的话会破坏气氛，同理，在家里的话，想确保在招待客人的时候不会从客人眼前横穿而又能做家务的动线。这条动线在建筑用语中被称为“服务动线”或“后台动线”，是非常受重视的部分。另外，餐厅的经营者，不会希望客人可以从座位上看到湿毛巾和餐具的储存位置，同样的道理，家里要有用来存放为了确保家人日常生活储备的地方，还要把晾衣架设置在从起居室看不到的地方。为了不让不想要被别人看见的东西溢出到“前台”，是需要下点功夫的。哪个空间是“前台”，哪个空间是“后台”，这是根据家人的生活方式而定的。以厨房为例，如果把岛式厨房设置在房间的中心，那厨房就是“前台”，为了保持厨房的干净整洁，设置“后台”的收纳间和食品间就显得尤为重要。如果把厨房变成独立的房间，那厨房本身就成了“后台”，所以即使有些凌乱，也没关系。

在忙碌的每一天中，总是空不出时间来收拾，等回过神来也有可能发现比平时更乱了。这种时候，被人看见也无所谓的地方是“前台”，真正不想被看到的地方就是“后台”，如果能始终有将“前后台”分开的意识，那么日常的整理工作会变少，心情会变得轻松很多。为了维持“前台”的舒适，请认真考虑“后台”的比例、使用便利性和位置关系。

制定“家规”

到目前为止，我和很多家庭的成员都打过交道。聊天的话题总是围绕着具体的生活场景，让人意识到每个家庭都存在着各自不同的家庭规则和“规定”。我们把这种家庭独有的规矩叫作“家规”。很多“家规”都是围绕着保持家里的整洁或融洽家庭关系的，所以如果能通过设计来帮助实行这些“家规”，就能打造出“既整洁又关系融洽的家”。所以这是非常重要的问题。

例如，在容易形成家庭礼仪的一系列动作中，包含着回家和外出时的流程。如果有“回家后想马上洗脚”的要求，就直接去浴室。也有人说“为了孩子一回家就能洗手，想在玄关处设置洗手池”，在室内养狗的家庭还需要给狗洗脚的地方，有时还会在玄关周围设置床铺和吃东西的地方。提出“想把外套和外出用的随身物品放在玄关”的要求的人也很多，在这种情况下，玄关的收纳空间就需要有衣物的收纳空间。

关于换洗衣服，有的家庭希望“回家后先去衣帽间，把包括大衣在内的换洗衣服全部搞定”。如果是房间里附带的壁橱，在就寝时间错开的家庭中，换洗衣物时可能会吵醒正在睡觉的人，所以要仔细研究出入口的位置和照明计划。有时也会根据这些“日常习惯”

来决定房间的布置。

洗漱的地方也是每个家庭中最容易产生分歧的地方。我家的洗衣机上方安装了横杆，让衣架随时在旁边待命。洗衣机停了之后，在洗衣机（波轮式）前面的边缘把毛巾类的东西分出来，然后将衣服挂在上面的衣架上。然后把分类完毕的衣物拿去浴室晾晒，再启动浴室烘干机。虽然这是非常小众的做法，但如果没有顶部的横杆，就会很不方便。

举一个稍微特殊一点的例子，在别墅的一楼建淋浴房（可以在洗完海水浴后洗澡）、放置洗衣机，二楼建浴室和盥洗室，上下重叠，通过洗衣发射器将两个空间连通，把在二楼脱下来的衣服直接扔进一楼的洗衣机里。

根据不同的“家规”设计方便使用的方法，这是理所当然的，但有时也会在思考其底层需求的基础上做出“这个地方做不到”的回答。有些情况下应该优先考虑客厅的舒适度，有些情况下只要重新审视一下，就会发现更好的方法。如果能稍微灵活地考虑“是否可以采用新的做法”，那么住所结构设计的可能性就会变大。

物品的“住所”

即便是物品，也想有个“住所”

“把用过的东西放回原处”，可能经常会被这样的话训斥。可以给家里的每一件物品都指定一个“住所”，也就是固定的位置，有着“用完后一定要放回那里”的意识，可以说这就是整理的第一步。

既然努力地对人的居住场所进行思考，那么对于物品的“住所”也应该同样仔细地考虑。很多家庭都会认为“搬家的时候先收起来了”或者“因为这里空着”，就把位置固定下来，这样一来，原本就没有固定位置的物品在家里四处摆放的情况会越来越多，现在来真正地给物品确定一个固定位置怎么样？

我家的餐厅里，桌子后面的一整面墙都是收纳空间。餐桌和收纳空间之间的通道很窄，坐在椅子上旁边的通道就不能过人了，所以我在考虑到这一点之后选择了“放人”。厨房虽小，餐具的数量却很多，所以主要是厨房收纳不完的餐具都涌向了这里。我固定坐在靠窗最里面的座位，所以在那里放了只有自己在用的玻璃分酒器和我喜欢的烛台。下面是平时吃饭时不常用的待客用的器皿。中间一排是常用的餐具。另外，在靠近厨房最容易拿取的地方，除了日常使用的刀具和小碟子以外，还收纳了文具、孩子的学习用具、办公用品，最下面的抽屉里还收纳了笔记本电脑。

餐厅的收纳柜，从餐具到文具、办公用品都可以放进去

也许是因为已经习惯了“餐具柜”这个词，有人会认为这个地方“收纳的物品必须是餐具”，但其实没有必要。我家的饭厅不仅是吃饭的地方，也是办公和孩子写作业的地方，所以在最近的地方有这样的收纳空间是非常自然的。

如果是家里的话，“把孩子的玩具放在客厅”“把印章和圆珠笔放在玄关”等，根据使用频度预先留出收纳空间，决定好固定位置就好了。然后就可以把买了一大箱又无法马上分类的日用品放在储物间，像这样事先考虑好暂时的容身之处，之后会更容易收拾。

像这样给物品确定好固定位置后，就会产生把经常使用的物品放在便于使用的地方的习惯，结果就会为了方便取用和放回，变得容易整理。虽然不需要精准到“门牌号”，但至少应该确定“这一地带”的街名。

虽然说得天花乱坠，但实际上对我来说，“能擦的圆珠笔”是一种很难确定“住所”的东西。虽然每天都在用，但至今居无定所，一直在流浪，不知道为什么会只要一离开我的手就再也不回来了。真的让我很伤脑筋。

【小憩一下】为窗边增色的小物件们

天空变幻莫测，行人来来往往，天气晴朗的时候甚至可以望见东京天空树，偶尔会有鸟飞来觅食。我家的窗边便是如此景象，可以舒服地晒太阳，周围都是小物件。

如果把窗户看作是室外和室内的连接点，那么摆放在窗边的小物件，既是居住者为外面的街道提供的点缀，又能融入从室内望出去的风景之中，是我的“珍藏”之物。

自然光照射的窗边，窗边的装饰能很好地映在玻璃上。根据不同的场景使用不同的烛台、颜色悬浮重叠在一起的漂亮的吹制玻璃制成的镇纸、马赛克图案的玻璃照明等，正因为放在窗边，才能充分将物品的本色调动起来。另外，正是由于玻璃的透明度高，才不会过多地遮挡住景色。

悬挂的装饰也与窗边的布置相得益彰。被风吹得摇摇晃晃，令人赏心悦目。我家的窗边有一位堪称重要人物的“魔女”。是横滨元町的“魔女专营店”原创制作的“湖之魔女”，因为“魔女”本身很容易陷入恋爱中，所以飞的时候还吊着恋爱药，是一个令人愉悦的人偶。家里总共有三个“魔女”，每一个性格都不一样。

在选择装饰用的小物件时，我最重视的是选择直线和曲线都比较流畅的手工艺品，以及按照自我审美标准选择，而不是去选择流行的东西。这样一来，空间就会变得柔和起来。

装有鸟食（花生）的木箱是一位木艺艺术家委托人的作品。配上望远镜，成了窗边不可或缺的装饰品。

另外，在选择小物件时失败是难免的。我也失败过好几次。不过，有时就是要有这样的挑战精神，才是成功的关键。

5·招待、庆祝

如果一开始就拒绝了，我们夫妻就不会觉得招待客人有多痛苦，总的来说还是比较喜欢的。虽说是招待，但并不是很多人来参加盛大的聚会，只是邀请几个关系比较近的朋友慢慢地吃饭喝酒，会很开心，为此多少也会花点工夫。更多的是要想着“做什么会让大家高兴呢”，如果真的做到了，就会很高兴。

说到待客料理，很容易让人直接想到做准备的样子，但在我家，几乎都是些没什么特别的家常菜，因为我是个吃货，平时酒会想要享受更多品种的食物，所以做了很多种类，量也比较大。时间充裕的时候，我会做一些比较特别的料理，比如钓上来的鱼和章鱼，或者用蒸笼蒸几种点心，如果能看到客人“哇”地发出惊讶的声音，说着“好好吃”的时候，我就会特别开心。因为有时会有突然来访的客人，所以我尽量不让家里的酒断货，但听起来更像是因为这是丈夫自己想喝的。

换个角度想一下，其实“为招待做准备”和设计非常相似。首先要了解邀请的人数和大家的兴趣爱好，大致考虑一下“这次聚会的主题”。主菜，也就是前面提到的那种特别的菜，往往很费工夫，所以必须优先保证时间的充裕。为了不让客人等太久，前菜也可以从外面买来直接装盘。也不要忘了根据聚会的主题来控制预算。简而言之，“规划就是根本”。

不仅是食物和饮料，餐具类的准备也很重要，要注意“准备足够的餐具”。把按照人数准备的盘子（即使花纹不同）摆放在一起，桌子上也会很漂亮，也不用担心客人会觉得“盘子也不够用啊……”所以每次买餐具的时候，考虑到可能会碎掉，我都会买可以应付八到十个客人的数量，但每次都惊讶地发现盘子竟然够用，但这可能并不是一个普遍的做法。因为两个人都在自己家生活了很长时间，喜欢的餐具款式也不一样，所以没办法完全准备充足，所以在结婚的时候，为了高兴就说好了“可以按照自己喜欢的样式来买”。为了不用每次吃完饭时都要洗盘子，所以准备了好几套。即使不是很贵的盘子，只要是数量足够，看起来也会有不错的效果，所以我建议很多人这样做。即使很难统一所有的餐具，如果能凑齐足够的数量，比如垫子、筷架和筷子，就会给人一种不可思议的整齐印象。

无论如何，在邀请别人的时候，“希望对方开心”的出发点是很重要的，同时，我认为在不勉强自己的情况下，做到开心就好。我家有一个平时不用来招待客人的大盘子，使用它也是招待客人的乐趣之一。

我丈夫一招呼客人就会聊得很起劲，最终就喝多了，但他为了显示他并没有醉，就会积极地清洗餐具。虽然有时也会因为手滑不小心摔碎了喜欢的杯子而感到失望，但正因为有了这样的相互帮助，才能愉快地招待客人。

玄关是居住者的脸

客人来到家里，首先经过的是从大门到玄关之间的被称为 Approach 的部分。在古老的日式房屋中，穿过整齐的大门，走在绿意盎然的小路上，哗啦啦地拉开尽头的拉门，问一句“有人在家吗”。然而，最近却很难做到这件事了。也有没有大门，离马路几步就是房屋的玄关门。即使是那么微小的 Approach，也要珍而重之地把它当成迎接客人的空间。

Approach 就是街道和房子之间的区域，所以大家都会想在展现个性的同时保留一些不一样的地方。只要种植一点点绿色，家里的氛围就会变得柔和，只要点上一盏灯，就会表现出欢迎客人的姿态。门牌要稍微符合自己的风格，选择适合这个家和家人的字体就好了。然后，把容易装满的伞架和孩子的游戏用品收进玄关，或者放在远离 Approach 的不容易看到的地方。

玄关门尽量不用现成的，要单独制作。这与外墙不同，因为每天都要开门关门，都会接触到这个部分，所以尤其要重视材料的质感。使用木头、钢材等有分量感的材料，设计出与建筑风格相融合的小细节。尤其是在需要一定防火性能的时候，如果门还要选择木制的话，费用也会随之增加，即便是这样，也要要求房主“我们只在玄关这儿加点费用”。

进入建筑物后被称为“门厅”的空间，作为迎接来客的场所，最好能成为表达自己“欢迎光临”的心情的场所。在房子小的情况下，有时只能分割出难以称之为“门厅”的很小的面积。即便如此，只要摆上一些小摆件或一枝花，客人就会感到自己是受欢迎的。为此，从设计阶段开始，我就一直在考虑如何设计小空间和装饰架。

玄关的地板上总是摆着很多鞋子。整理这些也有很辛苦的时候，所以我很努力地整理，但是也只做到了脚后跟整齐就可以了。此时就会发现制作鞋柜会更加轻松。鞋子以外的工具类，例如鞋拔子、擦鞋套、雨伞、电动自行车的充电器、印章类等，最好在收纳间找个地方藏起来。如果在这里表现得太有生活感，“欢迎光临”这句话就无法直接表达出来。

从 Approach 到玄关可以说是内部与外部的连接点，也是对家人说“欢迎回来”，对家人说“路上小心”的空间。在想要与街道协调的同时，也要考虑一下究竟什么样的氛围会让家人也能感到愉悦。

在地方有富余的时候，可以在玄关做一个大大的雨搭和很多的绿植

布置客房

我一直对“分离”这个理念感兴趣。从主屋的建筑物中分离出来，或者在长长的走廊尽头，有一个稍微被隔开的特别的房间。如果有这样一间偏室般的客房，对客人来说应该会很舒服，即使没有客人，自己也能偷偷地把它用来发展自己的兴趣爱好吧，这样的想法在我脑中不断地膨胀着。

像过去那样布置气派客房的家庭已经很少了。亲人之间的关系比过去更加多样化，即使平常是和亲人住在一起，也经常会听到“要想毫无拘束地待着，还是住酒店比较轻松”这样的话。在大型的公寓里也会备有收费的客房。只要有这样不刻板的想法，就不会觉得面积有限的家里一定要有客房。

不过，如果有客厅的话，对邀请和被邀请双方都有好处。对于被邀请的人来说，当然就不需要特意安排住宿，也不用考虑路程。除了观光景点或车站前，步行所及的范围内很少有住宿设施。被邀请到家里吃了晚饭，喝了不少酒之后，还要想“接下来要搬到旅馆去吗……”两腿发沉的时候，应该动也不想动吧。另外，从邀请者的角度来看，虽然不是想让被邀请者来住才邀请的客人，但因为气氛的烘托超出了预想，也有想说“那就住下来吧”的情况。如果有客房的话，有着“万一有什么情况可以让客人留宿”的主人，在招待客人时会比较放松吧，迎接客人的时候也会变得积极。

如果要做客房的话，我认为像开头提到的“分离”那样的距离感是最理想的。或许有人会觉得“这太不现实了”，但实际上，只要设计合理，即使物理上的距离不太大，也能打造出接近分离的客房。

如果是和客厅相邻的日式房间，客人很难随意地离开房间，招待的一方也会担心“发出声音来准备早上的东西好吗”。如果可以的话，客房最好是不经过起居室等家人聚集的房间就能去水边（厕所、盥洗室、浴室）的配置。最理想的是在与客房相邻的位置设是有客人专用的盥洗室，客人可以毫无顾忌地像在酒店的一个房间里一样度过。只是因为面积和预算的关系，有很多困难，所以即使共用一个水槽也没关系，只要通过走廊就可以了，这样就可以毫无顾忌地、不互相打扰地度过。只要配置得当，即使只有 3 帖大小，也能住得很舒服。

试着将特别的空间用作客厅

很多人会觉得“准备了客房，却很少有人住，太浪费了”。以我家为例，我在 3 帖大的日式小房间的布置上非常讲究，让难得的客房变成了“特别的房间”，也不会变成储物间。我时常去那里“留宿”，体会一下旅行的心情。像这样，偶尔住在不同的房间里，睡在褥子上而不是平时的床上，这种兴奋的感觉大家都应该有过吧。

顺便说一下，除了日式房间，我也想体验一下睡在走廊这样的狭小空间里。这绝不是什么奇怪的爱好，作为建筑师，我想亲身体验一下“什么样的尺寸才能睡得舒服”。或许说是奇怪的爱好也无妨。

一点点的季节感

很多人在盖房子的时候都有“今年要在新家过年”的想法，一到年末，我们的工作就会变得很忙，每年都是忙忙碌碌地度过。加上再忙也要准备的新年装饰，所以会变得忙上加忙。

其实不仅是新年，每个季节的活动都要好好地过。随着年龄的增长，日子过得越来越快，我总是很惊讶，“咦，又过了一年啊？”虽然不能和每天都有新发现的孩子一样，但如果家里也有能感受到日子一天天在过的季节感的话，就能感受到每天的流逝。

新年的时候，即使没有门松，只要在外面挂上绳子，在玄关插上南天竹等红白两色的花，就能让人产生迎接新年的兴奋感。春天来了，在餐桌上添加鲜艳的花；儿童节有头盔和小鲤鱼旗；七夕有竹叶装饰；八月十五有芒草；圣诞节有圣诞树……用各种代表节日和活动的特别物品来装饰。

以前笨重的装饰物如果放在客厅里，就会与平时的摆设相差甚远，所以将新年装饰和头盔等都放在玄关。玄关在家中也有“外来地”的感觉，所以将装饰摆放得稍微整齐一些就不会有违和感。因为是客人也能看到的地方，所以也能为寒暄时制造一些话题。

可以感受到四季的植物也一点点地种在庭院里。带来华丽香气的茉莉花和木香玫瑰，有着美丽枫叶的枫树和漂亮的杜鹃花，赏心悦目的莓果，给冬天的寂寞景色增添色彩的含笑花等，将种的植物摘下来装饰在室内的话，岂不是更有趣味。

话虽如此……正所谓“团子胜过花”，最能感受到季节的其实是食物。食材还是应季的最好吃。如果开车去远方的施工现场，我很期待在途中的车站买点菜。因为有当地特有的应季蔬菜，而且价格也很实惠，所以不知不觉就买了很多食材。

在商谈工作的时候，经常会给客人提供点心，难得来工作室一次，我会寻找应季的点心给客人品尝。我喜欢元町的日式点心店的铜锣烧淡雅的甜味，也会积极尝试季节限定品。经典的季节性点心，比如樱饼、草莓大福、水羊羹、面筋馒头等，都能让人用眼睛和舌头感受到季节的变化。用美味的点心来体会季节，会让嘴角突然绽开幸福。

【小憩一下】楼梯平台的快乐

了解到乔治 · 中岛的家具还是学生时代的事儿。吉村顺三设计的住宅中使用他设计的家具的照片给我留下了深刻的印象。

我买的那张中岛的桌子，是由着类似蝴蝶形的黑樱桃木材拼接而成的。镶嵌得严丝合缝的工匠技艺，让我无法自拔。

平时，在住宅的设计中，既要重视材料的质感，又不能过于突出天然木材的粗糙感，以免破坏整体的整齐感。这是为了让住宅这个容器具有普遍性。但是，如果加上像中岛茶几这样具有强烈个性的家具，就会给安静的空间带来不同的味道。因为有个性的东西也能体现出主人的个性，所以在家具上加入“家庭的特征”，就能让家成为更有活力的居所。不过说实话，这张桌子买的是成功还是失败，在收到之前心里也是七上八下的。虽然看到实物后觉得幸亏买了，但是有点烦恼放在哪里比较合适。现在摆放桌子的楼梯平台，可以容纳下稍微有些个性的家具，是一家人可以自由使用的地方。读书、弹钢琴、玩乐高积木……虽然视线被客厅挡住了，但一出声就能对话，这种距离感会让人很舒服。季节合适的话，打开露台的出入口，就会有风吹来，风铃也会传来清脆的音色。

在没有特别指定用途的地方，放上坐着舒服的椅子、沙发和桌子，还有书架。当我提出预留这样的位置时，虽然委托人有时会担心“真的有用吗”，但其实不用担心。那里一定会成为一个快乐的地方。

6·思考未来

被委托重建旧房子，并事先得到同意的时候，就可以进入拆除前的房子。因为这是感受从二楼以上眺望四周的好机会。这样一来，二楼曾经的儿童房有很大的概率会在孩子离开家后，像时间停止了一样被保留下来，或者被随意地当作了储藏间。每次看到那个景象，我都会感到有些落寞。

居住在家里的人的行为一定会发生变化，所以几年、几十年后，家庭的构成和健康状态也会发生变化。因此，在购买房子或新建房子的时候，“这个房子将来会被怎样使用”的思考角度是不可缺少的。虽然如果因为过分重视将来而失去现在生活的踏实感是不好的，但建筑物是会长久存在的，所以还是要考虑一下以后的可能性。例如儿童房，将来可以作为书房或客房使用等。

另外，不仅仅是房间，设备机器的更新也要考虑一下。无论是公寓，还是独栋建筑，都需要维护。如果是公寓的话，可以“修缮储蓄”的形式每月持续支付将来要用到的修缮费用，但并不是说独栋建筑就不需要。比如外墙的维修和粉刷，包括脚手架在内需要数十万日元的费用，像热水器这样的设备，在使用年限达到 10 ~ 15 年后就需要更换。如果可以的话，最好按照自己制定的规则存下修缮需要的费用，以应对突如其来的费用负担。

包括构想阶段在内，建造房子需要花费 2 ~ 3 年的时间，之后至少要住 20 ~ 30 年。房子不是“建好了就结束了”，而是“建好了才是开始”。今后要怎么长期居住也要想好了。

为了用得久一点

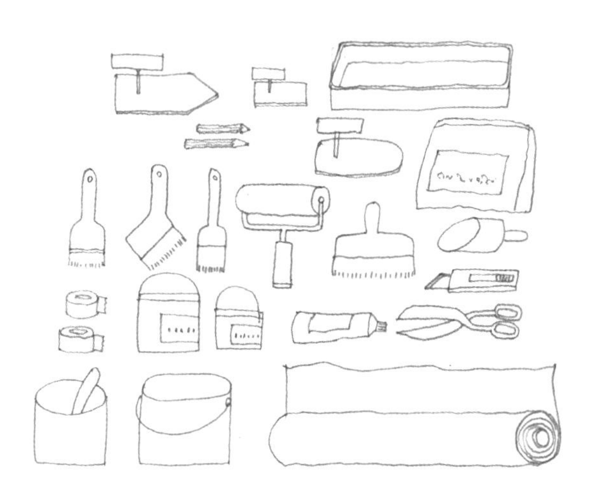

“这块处理得怎么样？”

这是在建筑工地经常听到的对话。翻译过来，就是“用这种方法（和尺寸）组装构件的话，能扛住一定的时间吗？”这是指不坏、不腐、不脏、不剥落等所有意义上的耐久性。

举一个例子吧。

“那里用胶水是粘不住的，要用小螺钉拧。”

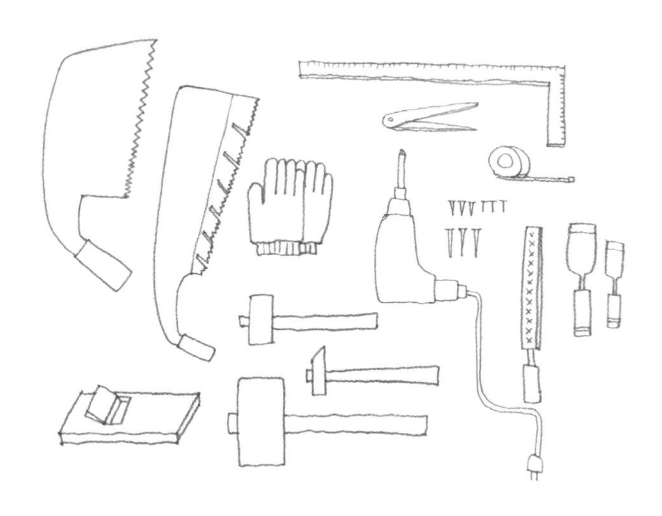

这就是“如果只用胶水粘，过不了多久就会脱落，必须用螺丝固定”的意思。现场对话的氛围相当有趣。

在日本，国税厅规定的木造住宅的使用年限为 22 年，但这只是作为资产的年数，并不意味着实际使用寿命只有这个年限。只要在设计和施工的阶段下点功夫，再加上住户的用心维护，房子就能长久地使用下去。

例如，用木板做外墙的时候，在设计阶段就要增加屋檐的凸出程度，这样外墙就不容易被雨水直接淋到。再加上施工的时候，涂上保护木材的涂料，也有像烧杉一样烧表面来抑制老化的办法。但是，并不是说做到这个程度就可以觉得万无一失而放任不管了，必须定期清除表面的污垢，每隔几年重新涂一次保护涂料。天然材料与新建材（钡和瓷砖等）不同，容易变色和磨损，木材根据干燥程度不同也会有翘曲或开裂的情况，所以在使用这些材料的时候也要学习后期保养的知识。

如果觉得“频繁保养会带来经济负担和精力负担，很麻烦”的话，可以采用上述的新建材。我们觉得易于维护也很重要，所以会同时增加使用部分新建材。但是，要注意的是，这些材料并不会随着时间而增加质感，反而会有磨损，脏了的话，看起来只是单纯地变脏了。

从这一点看，天然材料具有“经年变化”的魅力。实木制作的椅子因紫外线的照射而变色，并因人手的油脂而逐渐增加光泽。因为地板和家具的油分不足，所以定期涂油的话，颜色也会越来越有光泽。虽然其中也会藏污纳垢，但只要适当地打扫，污垢就会吸收进材料里，变成“独特的味道”。

“感受材料经年累月的变化”的意识，在现在的日本似乎不太存在。因为是地震、台风等自然灾害多发的国家，所以住宅也属于消耗品，在人们的意识中，只要维持一定的寿命就可以了。但是，我希望大家不要把材料上了年纪就等同于肮脏和不好，一定要感受一下质感一点点增加的乐趣。

经过精心打理、精心居住的家，不仅仅能实现单纯的“长久居住”，更能让人感受到岁月的流逝，成为有情趣的美丽的家。

改造住所

比起房子作为建筑物的使用年限，生活上的变化来得更早。这应该说是只有住宅才有的使命吧，与非特定的很多人交替使用的建筑物不同，因为它承载着一个家族的生活痕迹和岁月的重叠。

冲绳有一种叫作“出角住宅”的房子。二战后，钢筋混凝土造的住宅在冲绳迅速普及，当时流行在屋顶上放几个像小“角”一样的四方形块儿。这有一个有趣的理由，如果有增建的需要，可以将“角”中的钢筋裸露出来，与重新叠放的上层钢筋相连接。另外，在“出角住宅”中，增建的楼上还配套有从外面爬上去可进出的“外楼梯”。实际上，几乎没有人用它来增建，结果，像鬼一样长出“角”的房子在冲绳随处可见。

虽然没有拐角，但我们也建造过一次类似的住宅。那是钢筋水泥造的平房住宅。因为将来可能会和女儿住在一起，所以希望设计成以后可以增建木造建筑的二楼，在二楼部分用木造建筑的前提计算承重。把屋顶（即二楼地板的部分）的顶灯拆了下来，后来还建了内部楼梯（这里比“出角住宅”稍微先进一点吧）。这样就

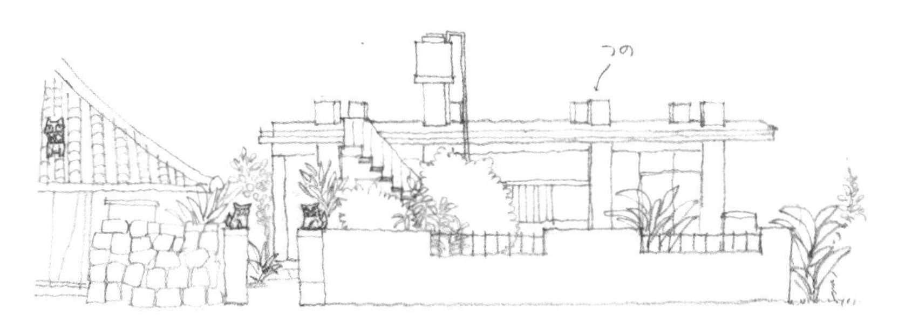

为了扩大未来发生的可能性，冲绳的“出角住宅”

能建造混合结构的房子了，但到目前为止，这一构想还没有实现。作为平房也应该没什么不好，除了结构上的区别，并没有什么不同。

前面的两个例子都是相当大规模的扩建，像这样“预见将来的可能性并做好准备”的想法也未尝不可。为了把房间分隔成两个，或者相反地把两个房间连在一起，有时要事先研究窗户和开关之类的配置。“为了将来装上扶手，在墙壁上做些改动”“如果不开车了，就把停车场变成庭院”等，为了应对生活的变化而做的准备，在所有的地方都会成为可能。

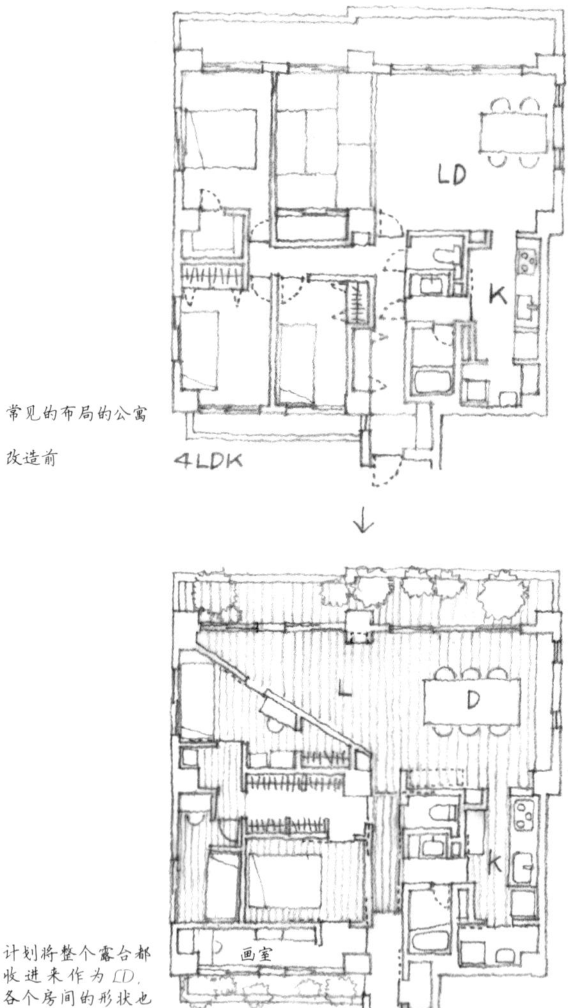

常见的布局的公寓

改造前

计划将整个露台都收进来作为*LD*，各个房间的形状也不同

改造后

但是, 只考虑未来而购买保险的设计是会让人无法活在“现在”的。我们不可能完全预见到 10 年、20 年、30 年后的家庭状况。所以要考虑到可行性的大小，先用小的改造来应对，如果发生预想之外的事情，就果断地进行大的改造，这样的选择比较好。

近年来装修需求在增加。由于家庭数量减少，很多人将闲置的住宅进行改造，让年轻一代继续居住。即使是看起来维持现状的话住起来会不舒服的房子, 也要试着改造一下, 让它变得更易于居住, 这怎么样？即使是布局极为普通的公寓，只要移动客厅和房间的隔墙，就能改变空间的结构，享受全新的生活。

7. 让生活融入周边环境

我的日常生活是从早晨在外面院子里浇水和打扫开始的。因为事务所也在同一栋建筑里，周围的人可能会觉得“八岛先生一天到晚都待在家里”（要是能让大家知道他在工作就好了……）。结果就是会以出乎意料的频率和邻居闲聊。

因为这样的关系，我和住在对面的太太一家人都很亲近。以前，会有人来找我说：“家里的灯泡坏了，你知道怎么换吗？”我就会带着工作人员去看看，下次说是“电动窗帘坏了”，就委托了熟人的维修店，顺利地修理完了。像这样能有机会和邻居来往，我也很高兴。

眼下让我烦恼的是狗的“遗留物”的问题。虽然知道选择不筑高墙而是在道路两旁种绿色植物，会有狗留下的东西，也很容易引起植物枯萎。即使知道这些，我也不想把招牌立得太夸张，所以每天都是被动地去收拾。坚持了几年之后，我终于意识到，每天早上出门和各种各样的人打招呼的话，“被动收拾”的次数就会减少。是不是他们会觉得有点过意不去呢？积极地和邻居们打招呼，或许会有这种意想不到的效果。

将房子建成风景

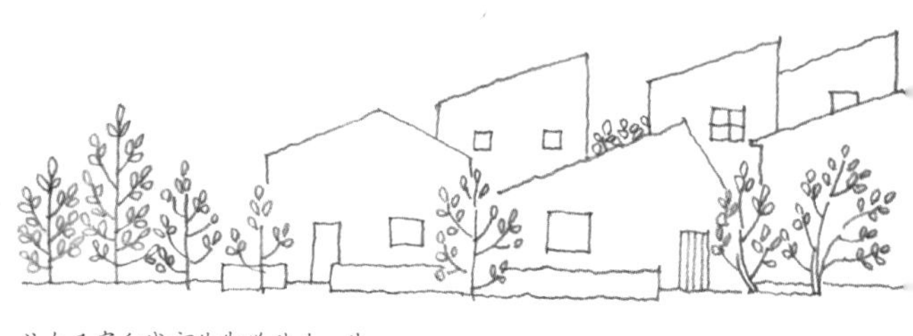

让自己家和城市的街道融为一体

建筑师宫胁檀先生生前曾在自己的著作中提到过这样一段话。

“日本的住宅，虽然有从家中向外看，吸取周边环境的‘借景’手法，却缺失了‘从外部如何看待自己的家’这一视角的部分。”

因为很少有人能意识到自己的家在这条街上是什么样子，这句话大概是为此而感到遗憾吧。

飞弹高山的城下町、竹富岛被石墙包围的村落、伊根的船屋等，设计统一的街道是美丽的。正因为每一户人家都抱着“风景是大家的公共财产”的想法，街道才会拥有美丽并保持美丽。即使是在一般的住宅区，也想拥有这种意识，作为建筑师，我们也应该好好考虑一幢房子对四周风景的影响。

房子的形态和颜色并不是唯一的要素。屋顶的倾斜度、窗户的形状、屋檐深度带来的阴影、外部结构和庭院的规划等，各种各样的要素决定了房子的风格。在玄关处亮一盏柔和的灯，既能美化傍晚时分的街道，也能体现居住者想要融入街道的意愿。不要过高的围墙，确保有地方种绿色植物，哪怕只有一点点也好，这样对街道的压迫感就会缓和下来。

话虽如此，房子外面也不能只摆放这些漂亮的东西。例如，电表、煤气表，还有热水器、空调室外机等外观不太好看的设备，就要尽量设置在马路看不见的地方。另外，晾衣服的地方也要注意。经常看到一些家庭会把衣服晾在道路一侧，这样就不太美观，需要想一想怎么改善一下，比如把衣服晾在不显眼的低位置，或者找一个相对不容易看到的地方。

光从纸拉窗中透出来，仿佛路灯一样照在街上

建筑物的外观可以成为住在那个房子里的人的名片。绝对没有虚荣的意思。但是，居住者的生活方式会渗透到建筑物的风格中。不仅是房子的外部，比如在窗边堆东西堆得百叶窗都压瘪了，其实在不知不觉中，我们的生活也会被外界所了解。因此，试着有意识地将自己的生活融入街道和风景中吧。

建筑物会在那里持续矗立几十年。即使周围的景色和住户都换了，我也希望它的风格不会变，让人觉得“那个建筑虽然旧了，但感觉很好”。而且，如果居住者带着对房子的热爱，持续对房子进行管理，应该就能保持房子原有的风格吧。

开放给城市

东京的根津和谷中这两个区域有密集的老旧住宅区。最近这条街成为热门话题，来观光的人越来越多，也出现了很多漂亮的店。在我还是学生的时候，因为这里离大学很近，所以会在这附近漫无目的地逛着。蜿蜒的小路，古老的小木造住宅挤在一起，与之相对的是大型寺庙和墓地，上方形成一片开阔的天空，猫儿们悠闲地躺在那里。突然，眼前出现了一口井。作为学建筑的人，这里的规模让我很感兴趣，走在这里很开心。现在那里也没有太大变化，还是留着之前的样子。

这座城市让人快乐的主要原因之一，就是满眼的绿色所造就的街道的“柔和”感吧。居民们各自将盆栽放在路边，形成了绿意盎然的街景。虽然道路会变窄，很难通过，但我想学习“打造开放性的街道”的概念。

每个人都无法在自己的地盘内创造一个世界，而是对城市表现出豁达的姿态，从而创造出开放的城市。绿色作为其中的主角，它的力量是巨大的。

在城市中心的住宅区，有时会收到“想要建造 court house（有天井的住宅）”的要求，但如果四周用的是看不到里面的高墙的话，对外面的人来说也会感到不舒服，所以可以把部分墙壁做低，消

满溢出来的来自植物的爱

除压迫感，或者开一个稍微能看到里面的洞，或者墙外的一侧留出了种植空间。请注意不要让巨大的墙壁成为心理上的“墙壁”。另外，在建造围墙的时候，将围墙从道路边界后退 15cm 左右，并种植物，会给人柔和的印象。

我家建在观光地的小山丘上，走累了的人会想找个坐的地方。于是，我就把人行道前面的水泥墙设计成稍微凹下去的样子，做成了长椅，行人自然而然地就在那里坐下了。长椅后面种了很多的杜鹃花，形成了树荫。

我认为通过外部结构的建造方式和绿色的种植方式，可以显示出一个人对城市的态度。希望每个人都能拥有“开放给城市”的意识，创造出有感情的城市。

【小憩一下】庭院事务、鸟、青鳉

选择庭院中使用的工具，总也遇不到漂亮的配色和设计，有这种感觉的人应该不止我一个吧。就拿浇水的软管来说，白色塑料配湛蓝色的乙烯软管，很难放在外面方便取用的地方，装饰性的设计太过的类型和建筑物又不太搭配。如果每天使用的工具都是很好看的，那不是一举两得吗？

最近新换的管是铝合金的，深色的大地色系与庭院的绿意很是融洽。本身很重，所以很稳，随意拉也不会倒掉。自从用了这个，浇水确实比用那些颜色扎眼的水管时更开心了。扫帚、簸箕、喷雾器等也尽量选择款式简洁大方的。

庭院（准确地说是停车场）也是鸟类聚集的场所，所以把鸟屋藏在树木的阴影里。有的鸟屋形状也有鸟进不去的情况，所以我试着找了很多英国产的鸟屋，但最后还是选择了能与庭院的绿色融为一体、不太花哨的鸟屋。除了鸟屋，还设置了用一块岩石制作的饮水处。与过去相比，整条街都铺好了柏油路，可以让鸟洗澡的水洼减少了。在这个被称为“浴池”的饮水处，可以看到鸟儿沐浴和喝水的样子，非常可爱。

不仅是鸟类，还有培育鳉鱼的“biotope”（群落生境）。用石头凿成的颇有重量感的鳉鱼钵，厚重且自然的形状让人心生欢喜。我一直以为鳉鱼肯定是为孩子养的，然而……事到如今，看着花盆发呆的时间，已经成为我们一家人些许的安宁时刻。

8·我们的生活

对于我们自己的生活，长期以来一直在这样那样地进行试错。虽然我是因为喜欢思考生活才成为建筑师的，但作为一名住宅设计师，我还是想通过自己的生活来弄明白一些事情，所以我一直很重视自己的生活。

因为当时经济上并不宽裕，我和朋友们合租了涩谷道玄坂的一栋商住两用楼，将其中一角作为独立后的第一个事务所（工作室）使用。虽然那是涩谷中相当杂乱且充满喧嚣的地区，但是我觉得是便于工作的位置，就选择了那里。尽管如此，因为还年轻，我还是快乐地过着日子，但渐渐地，比起热闹的街道，我更想找个稍微安静的地方，于是决定搬离合租的事务所。为了打造舒适的住宅，我认为把事务所设置在不太吵闹的环境中是很重要的。

这里离东京不远，比较安静，彼此的老家都在这里，所以对环境比较熟悉，又考虑到选择海边比较好，就决定搬到了横滨。在横滨，关内地区属于政府机关的街区，既方便，环境又好，所以我在关内租了写字间大楼中的一间，这里有很多律师事务所，是一栋氛围沉稳的建筑，这样终于有了安静工作的环境。

事务所搬到关内后，两人住在父母家一年左右，借着结婚的机会，决定一起出去找房子住。

从那个时候开始，到现在在自己设计的家居住为止，我们一共搬过五次家。

从小房子开始

最初的住处是 29 ㎡的一室一厅的出租公寓。

在事务所搬到关内的同一时期，两人又都在大学担任助教和讲师，平日的白天去大学上班，其他时间进行设计业务，每天都很忙碌。因为太忙了，就很难安排时间，如果住在工作室附近的话，上下班的时间会减少，如果住在观光地的话，休息日又很方便放松心情，所以最终决定住在横滨。我想在某个有特色的地方生活，所以备选地是靠近海边的山下公园旁边。但是，地点很好的观光地房租也很贵，所以用两个人负担得起的钱租到的就是这个小房间。

位于西北方向的二楼，会被附近的高楼遮挡，采光很不好，虽说离海比较近，但从窗户也看不见海，而且窗户前面还有餐饮店的排气口……因为是一般人都敬而远之的条件，所以虽然是新建的，但很长一段时间都没有人租。

不过，对于当时在家里几乎就是睡觉的我们来说，这个地方反而有着位置好、交通方便的优点，而且原本就是商品房，独立浴室和水龙头等设备的档次也都很高，对我们来说已经非常好了。虽

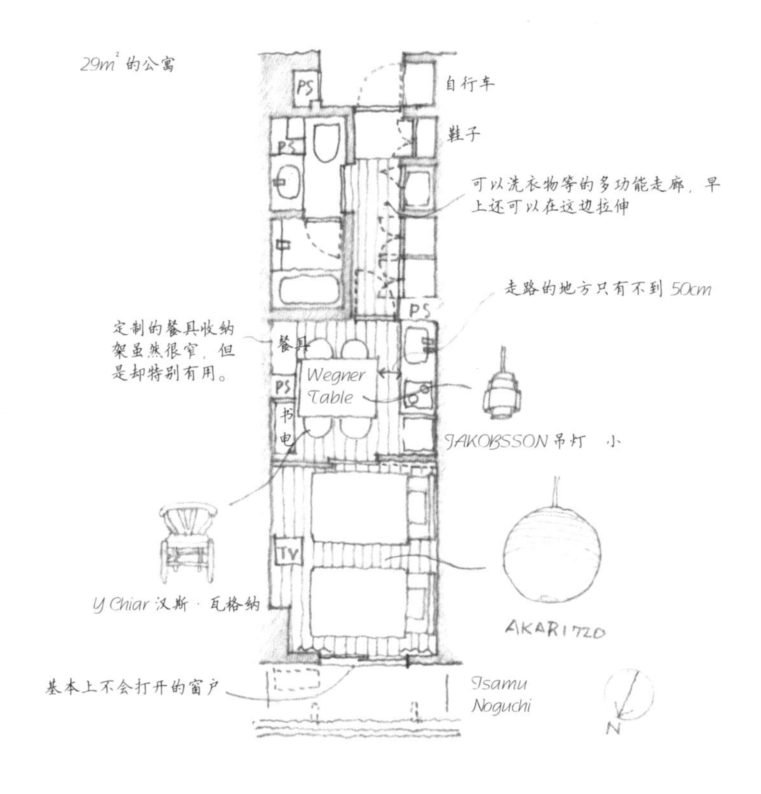

然两个人的生活空间不大，但我把自己的书放在步行十分钟就能到的工作单位，把过季的大衣寄放在父母家，所以意外地还算勉强住得下。另外，天台是开放的，住户可以自由使用，可以在那里晒太阳、看烟花，这也是不会感到闷的原因之一。

除去柱子部分，实际使用面积为 25 m²左右。除此之外，除了独立浴室、厕所和厨房，剩下的部分是两张双人床和一套四人餐桌椅，我只能在家具的缝隙中生活。但是我买了这张餐桌是对的，它和厨房的间隙不到 50cm，桌子既可以做厨房的工作台，又可以做办公桌，虽然很小，但是可以叫朋友来吃饭，是家里的中心部分。

如果想在空间狭小的房子里，把各种功能都装进去，就会出现空间和功能都没有的情况。在以工作为中心的我们的生活中，说到放松的时间，平日的晚上躺在床上看 DVD 就足够了，如果说想在假日中度过愉快的时光，眼前有山下公园这个极好的选择。因此，我在“吃饭”和“睡觉”这两个方面都特别注意，确保了足够的空间，于是就有了可以坐在舒适的椅子上悠闲地用餐的餐厅，也可以每天晚上都在宽敞的床上睡觉。

不要这个，想要那个，认清自己生活中什么最重要，并排好优先顺序，这样即使空间狭小，也能让生活变得丰富多彩。另外，生活所必需的东西也不一定要都在家里，即使没有庭院，也可以在附近的公园玩，可以很好地利用周边环境来享受生活。我在这个家里学到了这些道理。

生活的变化

等回过神的时候，在那个小房子里已经住了 5 年了，不过，在有了孩子之后便决定搬到附近的公寓去。之前的房子我也很喜欢，但考虑到要在家里待一整天，我还是希望房间的面积和采光的面积能再大一些。丈夫也很担心生孩子和带孩子的问题，为了能让我健康地生活，他就提议说："就算再难，也要给我找个宽敞明亮的房间。"于是，我们搬到了视野开阔的出租公寓的八楼，一间 58 ㎡的一室一厅。从大开的窗户就能看到横滨海洋塔，是个有开放感的房间。

要说房间变大带来的好处，那就是厨房的工作空间增加了，有了起居室可以放沙发，有了孩子的游乐场，可以在桌子周围正常走动了……但是实际上，虽然面积比以前增加了近一倍，但房间布局却很不方便使用。起居室的窗前的角落立着一根巨大的柱子，卧室里放了两张双人床后，连下脚的地方都没有，面积分配不太好也不适合我们的使用习惯。其实厨房再小一点也没关系，希望其他的部分都能宽敞一些，住在这儿的过程中，我们掌握了对自己来说必要的空间大小。

另外，孩子出生后我才意识到，客厅必然会成为游乐场，如果没有收纳儿童用品的地方，就无法整理房间。这个家的客厅里完全没有布置好的收纳空间，卧室的收纳空间也很小，使用起来很不方便，这让我再次体会到有保持家里整洁的收纳空间的重要性。

并且，起居室的转角窗从地板到天花板都镶嵌着大玻璃，虽然能体验到两个方向的景色，但是如果连脚边都是玻璃的话，家具就不好放了，“对于我们来说，八楼的大窗户连绿色都看不见，心里会觉得不踏实。”虽然之前没有住过高的地方，但我发现脚踏实的、贴近绿色的生活更适合我们。

当然，在以前的 29 ㎡的房间里养育孩子是很困难的，但并不是宽敞、开放的房间就一定能让生活变得轻松。虽然我自己也很开心地开始了有孩子的生活，但也觉得多花掉的房租很可惜。而且，生完孩子半年后，“在哪里、怎样养育孩子”的意识更加强烈了。就在这个时候，结婚以来一直在寻找地方出现了，我幸运地遇到了想买的土地，所以在这个房间里仅度过了短短的 11 个月。

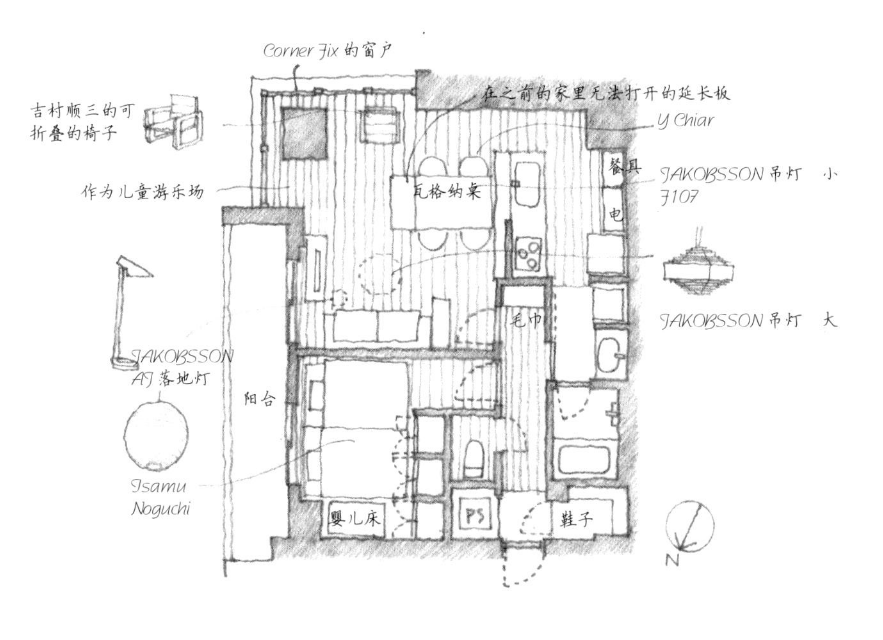
Corner Fix的窗户
吉村顺三的可
折叠的椅子
在之前的家里无法打开的延长板
Y Chiar
作为儿童游乐场
瓦格纳桌
餐具
电
JAKOBSSON吊灯　小
F107
JAKOBSSON吊灯　大
毛巾
JAKOBSSON
AJ落地灯
阳台
Isamu
Noguchi
婴儿床
PS
鞋子
N

老房子

就这样，结婚后的 6 年时间，我们都是租房子住，因为我们一直设想着“将来要建一座兼具居住和办公室功能的房子”，所以每到周末，我们就会去很多地方考察。三轩茶屋、驹泽、用贺，还有镰仓等，这些地方的氛围很好，很安静，我们绝大部分的客户都在东京和神奈川，是交通方便的地方。但是觉得东京有点过于都市，镰仓交通有点不方便，所以一直没找到合适的地方。

过了 6 年，终于见到了现在住的横滨的这块地。

那块土地上有一栋 25 年前建的老房子，从车站步行 7 分钟左右，爬上山坡的高地后有宁静的住宅区，同时洋房和教堂林立，观光客络绎不绝，是个热闹得刚刚好的地方。老房子给人的印象是，虽然外观受损严重，但只要稍加修整，完全可以直接住进去。

虽然决定购买土地是为了将来重建，但是为了在重建之前的几年可以在里面生活，所以进行了最低限度的改造工程。老化的外墙全是缝隙，到处都有脱落，会有贼风吹进来，所以进行了修补。然后，一走出玄关，眼前就是一条行人如织的道路，这让我很不舒服，为了隐私性，我在道路边上竖起了一堵砖墙，把外墙涂成白色，留出了一条可以进来的通道，然后在那里放上了常绿的橄榄，落叶的唐棣与蓝莓的盆栽。浆果的果实可以用来做果酱，由此我意外地发现，原来盆栽也可以种高大的树。对我们来说第一次得到了可以称为自家院子的地方……我还记得，和绿色如此接近的生活，让我的心雀跃不已。

原本像工厂一样鲜绿色的停车场地板重新涂成了白色，给人的印象变得清爽了许多。玄关灯换成了托尔博的支架灯，从道路上可以看到的拐角飘窗上挂着我喜欢的“魔女”人偶和雅各布森的木制照明灯，有种北欧杂货店的可爱氛围。这扇飘窗的内侧原本是厨房，但考虑到它是与街道的连接点，我便在窗台上摆放了各种各样的调味料和可爱的小摆件，打造了一个从外面看也很好看的地方。

由于前主人反复对房屋制造公司建造的住宅进行改建，所以内部格局复杂，有好有坏，但总的来说是个快乐的家。在设计自己现在的住宅时，加入了很多从这个家学来的部分。

通过起居室上方的挑高空间将二楼和玄关连在一起。因此会比较冷，回音也很大，很不方便，而且从空间形态上来说，显得很不匀称，但即便如此，我还是感受到了可以将整个家融为一体的独栋房子所特有的乐趣。另外，客厅的空间变化也很有趣，有两个台阶，小小的台阶变成了孩子们的游乐场，如果铺上地毯，大人也会想在这里坐下来聊聊天。我也切身体会到，错落的设计会创造出不同的空间。二楼东北方向是天花板很低的阁楼间。这里是储藏室，我平时不怎么使用，但当我弯下腰，从水平的 30cm 左右高的细长窗户往外看时，目之所及让我预感到“或许前方的景色也很美吧”。后来重建的时候，这里变成了客厅，设计成横向的大窗户，可以将风景纳入室内。

宅基地的东南角有一个被绿色包围的小小的庭院。在铺有木质地板和瓷砖的空间里，四周种了很多绿色植物，虽然面积不大，但我可以和朋友们一起吃烧烤，或者拿出桌子吃早餐，尽情享受生活。

我把前房主精心培育的葡萄架和植物原封不动地养了起来，也体会到了收获的乐趣，同时也感受到了在夏天植物遮阴的伟大之处。我想那是可以亲身感受一天中太阳移动的宝贵的体验。

改建前的老房子
100m² 的 3LDK+阁楼

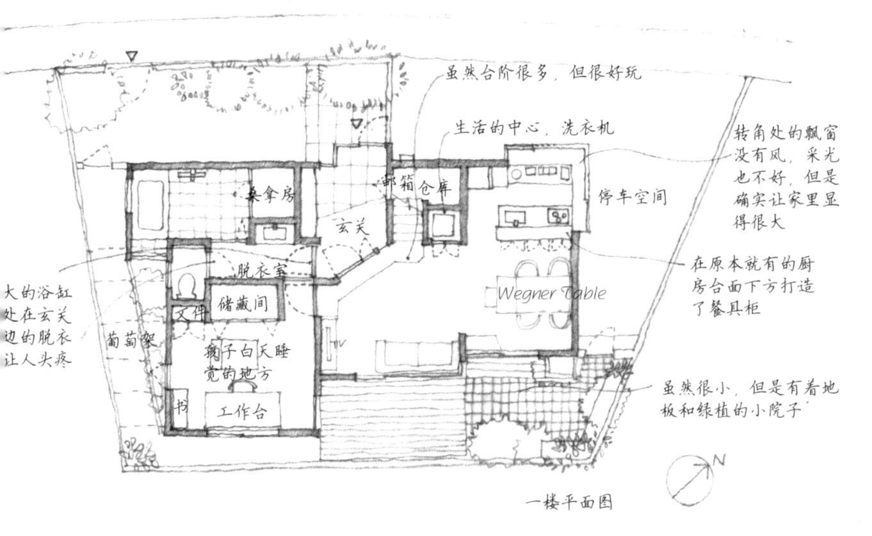

一楼平面图

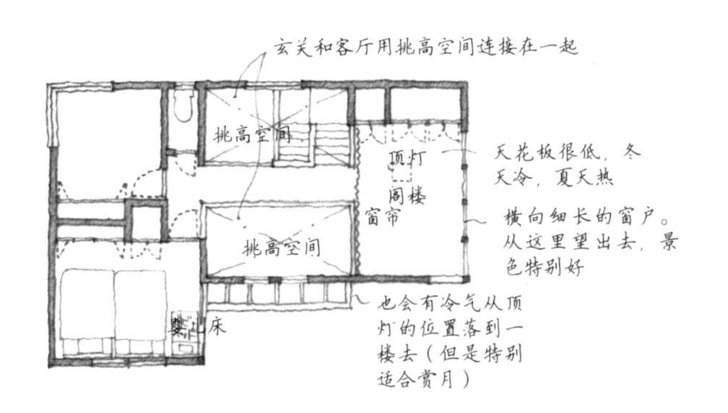

二楼平面图

除此之外，还有利用角线把建筑物的拐角抹掉，连接起居室的楼梯的开放感，占据了房屋中心但其实使用起来很方便的洗衣机，把餐厅的天花板压得很低带来的舒适感，定制的碗柜果然很方便等，在自己的住宅设计中，我也采用了这些在生活中学到的经验。相反，单片玻璃的顶灯不保暖，还容易凝露，如果长宽比不对，还很容易被吹裂；可能因为是改建的房屋，改建房间的门时会受到干扰，动线变得复杂起来；空间太大的话，会冷，维护起来也很麻烦，用传统施工方法打造的浴室，我也切身感受过它的缺点。

老旧的木造房子，夏天热，冬天冷，所以水电费很贵（多亏有通风管，所以更贵！）。虽说翻修过了，但预算上有限，很多地方都受到了限制，比如水盆等处，但两年半后决定重新装修的时候，想着“还想再住一段时间”才对这个房子上了点心。也许是因为在前两处出租房屋中总结出了与自己生活风格无限接近的东西吧。

显现出来的形态

东日本大地震后，在关内租用的事务所大楼因建筑年代久远而严重受损，我们很快就下定决心拆除了。虽然临时在附近的大楼里租了一个房间，但因为没有仔细考虑就租了下来，所以使用起来很不方便，再加上继续支付租金的负担，所以决定在这个时候把住宅和事务所合二为一。那是我住在老房子里还不到一年的时候。

拆除了旧房子，重建期间作为临时住所租了一间公寓住了一年。那是一套75 ㎡的三室两厅的房子，大概是只临时居住的缘故，我并没有留下什么回忆。

在住旧房子的过程中总结了基地的长处和短处，所以新房子的设计进行得比较顺利。

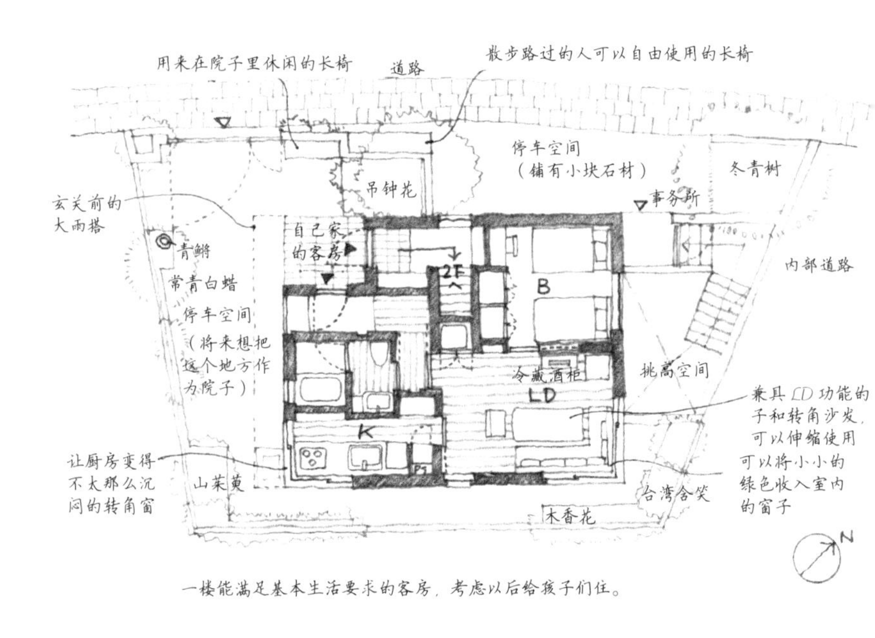

一楼能满足基本生活要求的客房，考虑以后给孩子们住。

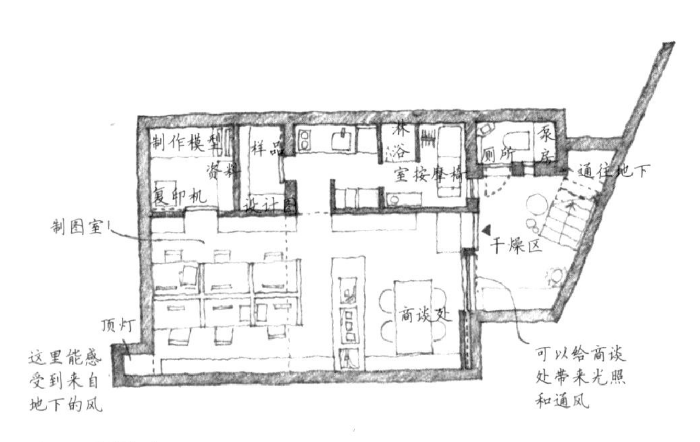

地下一层事务所

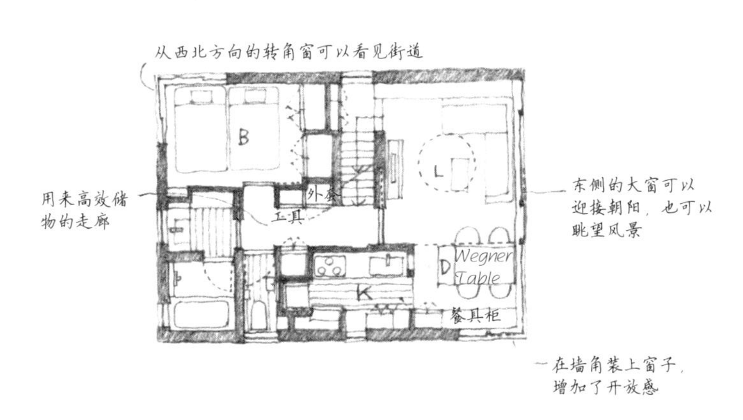

二楼自己家的部分

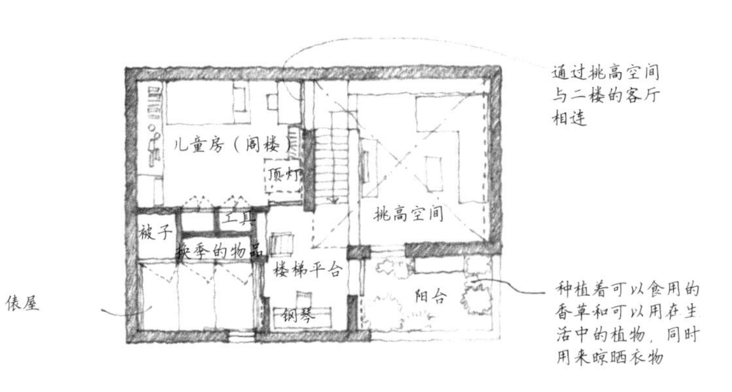

三楼阁楼房间 + 阳台

首先，作为新的要求，事务所必须在这片土地内。因为用地的建筑面积（建筑物的水平投影面积）上限不到60㎡，所以可以将整个楼层用于办公室，再加上容积率和高度都有限制，所以不能建高大的建筑物，考虑到这些因素，只能将事务所定在了太阳光难以进入的地下一层。尽管如此，为了尽量改善环境，我还是设置了干燥区，确保采光和通风，积极地培育盆栽植物。因为建筑物在土层中，而地下空间本身具有恒温性，夏凉冬暖，再加上外部的声音也不会传到那里，作为工作场所是非常舒适的。我们有时也会在小小的干燥区那边吃烧烤。

一楼用作客房，二楼和三楼自己住。在一楼建客房的理由，首先是为了让彼此的父母和朋友来的时候可以毫无顾虑地住进去。还有一个想法是，如果在工作场所和住宅之间设置一个缓冲地带，工作人员工作起来也会比较方便。另外，考虑到将来分成两户的使用可能性，便将玄关门与住宅门分开了，一楼拥有一室一厅的同时，厨房和浴室等也一应俱全，所以不用担心上下楼层的问题。从窗户可以看到外面的绿色，不可思议的是会让人产生身在一趟短途旅行中的错觉，房间的氛围相当不错。

二楼和三楼是我们一家人住的地方。进了玄关往旁边一拐，马上就有通向楼上的楼梯迎接你，上了二楼就是挑高的客厅和餐厅空间，从眼前水平连续的窗户可以将街道一览无余。这个景致是在老房子的二楼发现的。为了营造出与古宅同样的挑高设计，并且这次设计得更加匀称，从起居室可以看到连接三楼的楼梯。我们想要通过从视觉上去除建筑物的死角，将室内与室外在空间感上相连，这种有趣的设计理念也继承自老房子，所以在一楼和二楼各设计了两处转角窗。

另外，我们在生活中会尽量不拉上窗帘。这是我在装饰老房子的飘窗时发现的，我认为，如果带着对城市开放的意识，让外面也能看到家里的情况，就能感受到生活的踏实感，街道也会变得明亮起来。考虑到窗户的位置，便选择了齐腰高的窗户，即使是敞开的窗户用了这样的设计，也不会不方便，所以不会有从外面看到而感到不安的感觉。

外观是从老房子继承了“白色三角屋顶的房子”的外观形态，留下了这房子以前就在那里的感觉。还有一个原因是白色是当地推荐的颜色。用混凝土建造的房子表面比较平整，就像积木一样，并不会给街道带来违和感，所以选择这种方式建造住宅兼事务所。

由于将外墙从道路分界线后退 2m，再加上建筑铺装率较小，所以既有了停车场，又能在外围留出绿化的地方。因为我想将有标志性外形的白色房子变成所在地区的人气建筑，所以试着种植大量绿色植物，打造出带给人柔和印象的房子。

在山手町的房子里的生活和街道

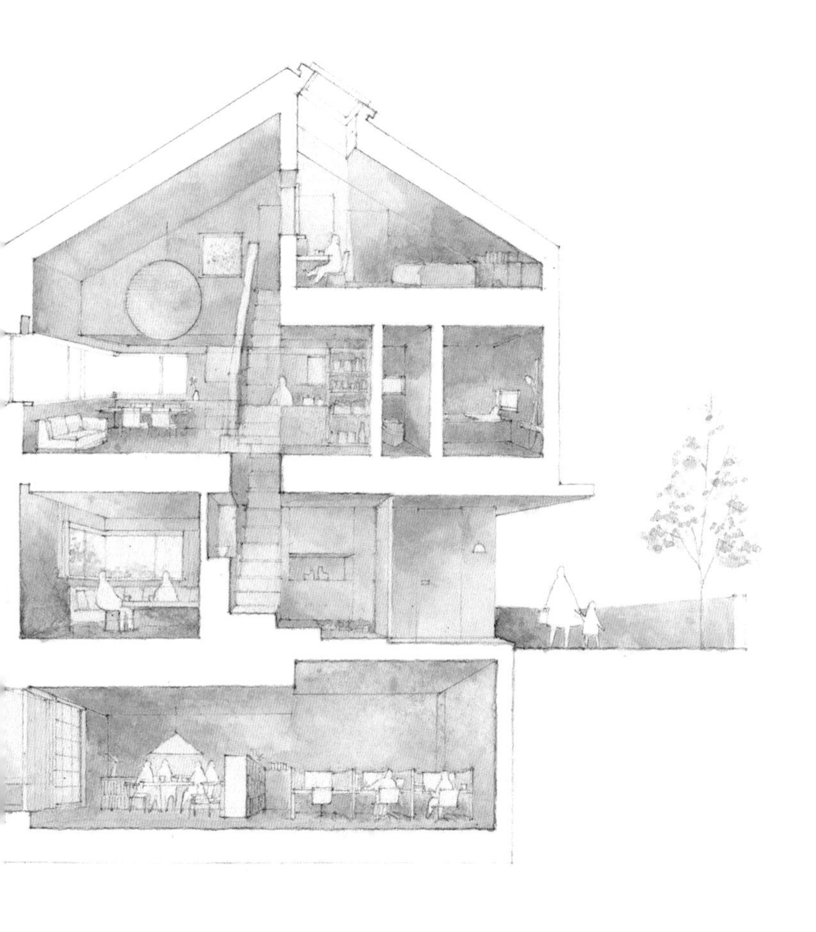

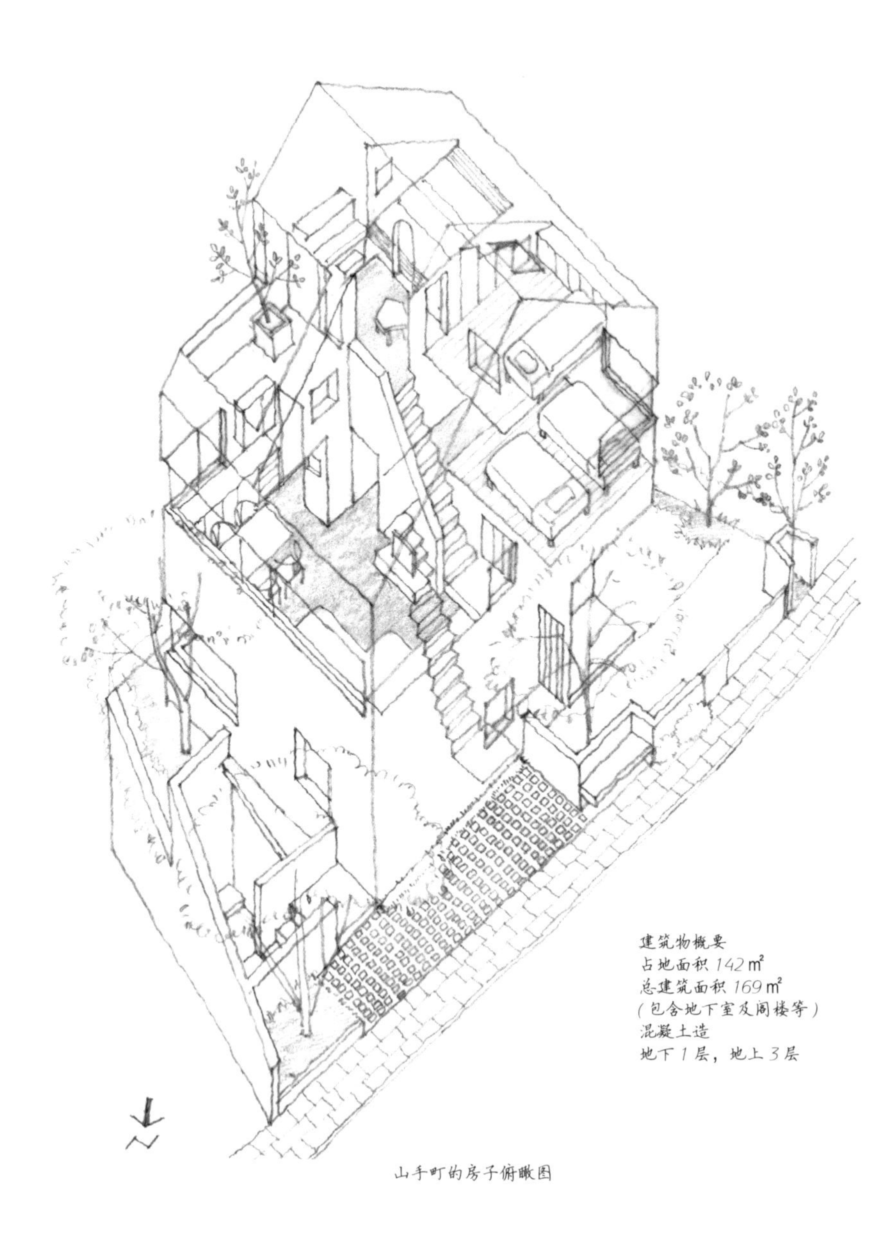

山手町的房子俯瞰图

当然，并不是所有的事情都能一帆风顺，也有很多想做却又放弃了的事情。其实，我想住在一楼，过上可以接近绿色的生活，但从建筑物的构成来看，很难实现，只能放弃。由于种种原因，我们也没能给自己的客厅装上地暖，每年冬天来的时候都有点后悔。另外，我也知道做挑高会影响空调的效果，但实在没有中意的顶扇设计，只好放弃。虽说如此，但住进去之后也有令人欣喜的发现，大体上对自己的家还是很满足的，每天的生活和工作都过得很开心。

竣工后过了几年，这个地方弄成这样就好了，要不还是稍微改造一下吧，这样的想法层出不穷。试着把墙壁的颜色重新粉刷一下，转换一下心情，把窗帘和沙发的颜色也改变一下，露台的瓷砖换个风格，停车场还是想种草坪，能不能在外面建个狗窝养狗（这是我丈夫的愿望），等等，每天想想这些也是一件快乐的事。

我还在不断变化着，每天都有很多想要尝试的事情。今后也一定不会有“不变了”这样的想法，一边改造，一边和这个家一起变老，一起生活吧。

结语

不知从何时起，我开始想通过自己设计的房子，整理一本关于“生活”的书。

“建筑师设计的家”，听起来可能会觉得是特别的家，但其实我们只是顺其自然地发掘了所在地的魅力，倾听了房主的想法，打造了我们认为最好的居所。但实际上，我并不认为这是最后的结果，而是居住者根据自己和家人的生活习惯，一点点地改造出来的才是自己的家。所以每当进入房子时，都会有小小的惊喜和发现，很开心。

从以设计为生的我们的角度来说，房子的作用确实很大，但在思考什么是“舒适的生活”时，更重要的是让住在房子里的人的生活变得更好。我觉得最重要的是熟悉。

不管是什么样的房子，只要换个角度看，一定会发现有趣的要素。我们也多次搬到租赁的公寓，在不断摸索着。要想发掘出生活中的美好，不妨从这些小事开始，例如培育小绿植、装饰自己喜爱的物品等。自己开心，家人和朋友也会开心。美观、轻松、舒适。这些虽然都是理所当然的事情，但或许并不简单。如果能以这本书为契机，将我们从坚持设计房子中找到的生活乐趣传递给大家，我会由衷地感到高兴。

Ohmsha 出版社的三井涉先生来事务所商谈其他事宜，我把自己对生活的看法告诉了他，他说："出版吧！"然后爽快地答应了。以工学类书籍出版为主的 Ohmsha 出版社能够通过生活类书籍的选题企划，我认为这是三井先生竭尽全力争取的结果。我在这里只能表达出我一小部分的谢意。另外，设计师石曾根昭仁先生一直等待着过了截稿日妻子（夕子）也还没有画出来的手绘草图，并对她提出的细节要求全力配合，也要表示衷心的感谢。借此机会，向在百忙之中为本书的拍摄提供协助的各位房主，以及有幸载入本书的各位房主，表示由衷的感谢。最后，感谢在设计工作之余，还协助我完成庞大原稿的职员海老泽惠理雅和尾田望美。

照片提供

川边明伸	安昙野穗高的房子 大鹰之森的房子 野尻湖的小房子 田园调布的房子 深泽的房子 叶山町的房子 馆山的房子
新建筑摄影部 ken ' ichi suzuki 目黑伸宜 西川公朗	西镰仓的房子 神木本町的房子 武藏野的房子 牛久的房子 山手町的房子
鸟村钢一	东京的房子 东玉川的房子
石曾根昭仁	辻堂的房子 山手町的房子 武藏野的房子 叶山一色的房子

封面 · 插画　八岛夕子　　　装帧 · 设计 石曾根昭仁

八岛正年

1968 年生。1993 年毕业于东京艺术大学美术学部建筑系。1995 年毕业于东京艺术大学大学院美术研究科。现为东京艺术大学、神奈川大学的兼职讲师。

八岛夕子

1971 年出生。1995 年毕业于多摩美术大学美术学部建筑系。1997 年毕业于东京艺术大学研究生院美术研究科。现为多摩美术大学兼职讲师。

在读研究生 (益子研究室) 时，两人就开始设计工作，1998 年成立了八岛建筑设计事务所。至今为止，主要设计个人住宅、集合住宅，参与了“吉村顺三建筑展”的会场结构及商业设施等多项设计。保育设施“幻想之家 2”获得日本建筑师会联合会作品奖。著有《色彩之家》(2011)、《住宅规划（布局）图集》(2015)。

Original Japanese Language edition
KENCHIKUKA FUFU NO TSUKURU IGOKOCHI NO II KURASHI
By Masatoshi Yashima + Yuko Yashima
Copyright © Masatoshi Yashima + Yuko Yashima 2018
Published by Ohmsha, Ltd.
Chinese translation rights in simplified characters by arrangement with Ohmsha, Ltd. through Japan UNI Agency, Inc., Tokyo

©2024 辽宁科学技术出版社。
著作权合同登记号：第 06-2018-244 号。

版权所有 • 翻印必究

图书在版编目（CIP）数据

向往的生活 ：日本建筑家夫妇自宅设计 /（日）八岛正年，（日）八岛夕子著 ；邢俊杰译. — 沈阳 ：辽宁科学技术出版社，2024.1
ISBN 978-7-5591-2822-5

Ⅰ. ①向… Ⅱ. ①八… ②八… ③邢… Ⅲ. ①住宅一室内装饰设计一日本 Ⅳ. ① TU241

中国版本图书馆 CIP 数据核字（2022）第 230450 号

出版发行：辽宁科学技术出版社
（地址：沈阳市和平区十一纬路 25 号　邮编：110003）
印 刷 者：鹤山雅图仕印刷有限公司
经 销 者：各地新华书店
幅面尺寸：130mm×185mm
印　　张：6
字　　数：200 千字
出版时间：2024 年 1 月第 1 版
印刷时间：2024 年 1 月第 1 次印刷
责任编辑：于　芳
封面设计：何　萍
版式设计：何　萍
责任校对：韩欣桐

书　　号：ISBN 978-7-5591-2822-5
定　　价：58.00 元
编辑电话：024-23280070
邮购热线：024-23284502
E-mail:editorariel@163.com
http://www.lnkj.com.cn